口絵 VI-1章　母川回帰途上のシロザケ（*Oncorhynchus keta*）の採捕
　A：ベーリング海での開洋丸によるトロール調査，B：北見枝幸のサケ定置網，C：石狩川と千歳川の合流点での刺し網，D：千歳のインディアン水車．

口絵 VI-2章　脳波電極を装着したヒキガエル（ニホンヒキガエル *Bufo japonicus*）（上）とロガーを装着したシロザケ（下）

口絵VI-3章① セイタカアワダチソウを吸蜜するアサギマダラ（*Parantica sita*）
日本で最も有名な「渡り」をするチョウ．（山口県で撮影）

A 夏型 / 秋型

B 夏型 / 春型

口絵VI-3章② キタテハ（*Polygonia c-aureum*）（A）およびサカハチチョウ（*Araschnia burejana*）（B）の季節型

長日条件
緑色型 / 褐色型
非休眠蛹

短日条件
休眠緑色型 / オレンジ褐色型 / オレンジ色型
休眠蛹

口絵VI-3章③ ナミアゲハ（*Papilio xuthus*）の蛹の体色多型．非休眠蛹（左）と休眠蛹（右）

■ ホルモンから見た生命現象と進化シリーズ

口絵VI-4章 容姿の美しい，なわばりをもったアユ（*Plecoglossus altivelis altivelis*）（鹿児島県米之津川にて，米沢俊彦氏提供）

口絵VI-5章 クサフグ（*Takifugu niphobles*）の集団産卵
数十個体の雄と1個体の雌のグループで行われ，雌が放卵するのに合わせて周りの雄がいっせいに放精する．挿入写真：波で岩に打ち上げられたクサフグ．（熊本県富岡の産卵場で撮影）

口絵 VI-6章 ヒョウモントカゲモドキ（*Eublepharis macularius*）

口絵 VI-7 章　渡りに旅立つハマシギ（*Calidris alpina*）の群れ
（写真：J. C. Wingfield）

口絵 VI-8 章　冬眠中のクマ（アメリカクロクマ *Ursus americanus*）
　冬眠中には，絶食および低代謝状態が維持される．大木の根張りや洞を利用して冬眠穴の中で身動きせずに眠り続ける．妊娠雌は，冬眠中に出産および哺育を行う．

日本比較内分泌学会編集委員会
高橋明義（委員長）　小林牧人（副委員長）
天野勝文　安東宏徳　海谷啓之　水澤寛太

ホルモンから見た生命現象と進化シリーズ Ⅵ

回遊・渡り
－巡－

安東宏徳　浦野明央
共編

裳華房

Migration

edited by

HIRONORI ANDO
AKIHISA URANO

SHOKABO

TOKYO

刊行の趣旨

　現代生物学の進歩は凄まじく早い．20世紀後半からの人口増加以上に，まるで指数関数的に研究が進展しているように感じられる．当然のように知識も膨らみ，分厚い教科書でも古往今来(こおうこんらい)の要点ですら，系統的に生命現象を講じることは困難かもしれない．根底となる分子の構造と挙動に関する情報も膨大な量が絶えず生み出されている．情報の増加はコンピューターの発達と連動しており，生物学に興味を示すわれわれは，その洪水に翻弄(ほんろう)されているかのようだ．生体内の情報伝達物質であるホルモンを軸にして，生命現象を進化的視点から研究する比較内分泌学の分野でも，例外ではない．それでも研究者は生き物の魅力に取り憑かれ，解明に立ち向かう．

　情報が溢(あふ)れかえっていることは，一人の学徒が全体を俯瞰(ふかん)して生命現象（本シリーズの焦点は内分泌現象）を理解することに困難を極めさせるであろう．このような状況にあっても，呆然とするわれわれを尻目に，数多(あまた)の生き物は躍動している．ある先達はこう話した．「研究を楽しむためには面白い現象を見つけることが大事だ」と．『ホルモンから見た生命現象と進化シリーズ』では，内分泌が関わる面白い生命現象を，進化の視点を交えて，第一線で活躍している研究者が初学者向けに解説する．文字を介して描写されている生き物の姿に面白い現象を発見し，さらに自ら探究の旅に出る意欲を醸(かも)しだすことを，シリーズは意図している．

　全7巻のそれぞれに，その内容を象徴する漢字一文字を当てた．『序』『時』『継』『愛』『恒』『巡』『守』は，その巻が包含する内分泌現象を凝集した俯瞰の極致である．想像力を逞しくして，その文字の意味するところを感じながら，創造の世界へと進んで頂きたい．

日本比較内分泌学会　『ホルモンから見た生命現象と進化シリーズ』編集委員会
高橋明義（委員長），小林牧人（副委員長）
天野勝文，安東宏徳，海谷啓之，水澤寛太

はじめに

　動物は，生活史の中のさまざまな段階で，さまざまな理由により，さまざまな距離を移動する．たとえば，渡り鳥は，子育てや繁殖のために，一年のなかのある特定の時期に繁殖地と越冬地の間を行き来し，サケやウナギは，孵化後，川と海をまたぐ何千 km にも及ぶ水域を回遊して一生を終える．渡りや回遊における「移動」は，摂食，成長，生殖や体液浸透圧調節などの生理機能に密接に関連し，季節の移り変わりに応じて起きている．また一方で，人間活動や気候変動による餌や水の枯渇など，予期せずに起こる生息環境の変化に対応するためにも，動物は移動する．いずれにしても，「移動」は動物が生まれながらにもっている生存戦略の1つであり，「移動」を起こさせる体のしくみは，動物の進化の過程で遺伝子に刻み込まれてきた．また，「移動」は，遺伝的な要因だけで起こるわけではなく，経験や学習によっても柔軟に変化し，それが子孫に受け継がれていくなかで，その種に特異的な生物現象として発達し，それが遺伝子にも新たに刻まれていくと考えられる．

　では，「移動」は，どのように遺伝子に刻み込まれているのだろうか？この問いに答えられる「移動」の例，すなわち，その遺伝子プログラムの全貌が明らかになっている「移動」はまだない．ただ，その一端を明らかにしようとする研究は，これまでに数多くなされてきた．本巻は，回遊と渡りに代表される「移動」のしくみをホルモンという面から解明しようとする研究の成果を基にして，水圏から陸，空のさまざまなフィールドで繰り広げられる動物の生き生きとした「移動」の様を紹介しようと企画された．「移動」が，生理機能と密接に関連した環境適応の働きの1つとすれば，内分泌系，神経系や神経内分泌系で機能するさまざまな化学情報伝達分子が，その調節に重要な役割を担っていることは間違いない．しかし，1章で述べられているように，内分泌機構まで研究が進んでいる「移動」の例は，実はまだわずかである．野外を巡っている動物を相手にして，その移動ルートを明らかにし，その体の中で起こっていることを明らかにすることは容易ではない．

はじめに

　本巻では，2章で回遊・渡りを理解する上で基礎となる神経内分泌学を概説した後，チョウ（3章），回遊魚（4, 5章），両生類と爬虫類（6章），鳥（7章），クマ（8章）の「移動」を取り上げた．各章において，断片的であるとはいえ，多くのホルモンがさまざまな局面で重要な役割をもつことや，それぞれの動物の生活史の中で「移動」のもつ生態的な意義が紹介されている．また，そのホルモン調節機構を明らかにしようと，研究者がフィールドや実験室で試行錯誤しながら野生動物を相手にしている様がわかっていただけるであろう．なかでも7章では，鳥類内分泌学の世界的な権威であるWingfield博士とRamenofsky博士（カルフォルニア大学）に，鳥の渡りのホルモン調節についてまとめていただいた．「移動」の遺伝子プログラムの全貌の解明にもっとも近い研究と言える40年以上にわたる鳥の渡りの研究成果と共に，「移動」の基本となるさまざまな生物現象とその階層的構造が解説されている．

　「移動」は，フィールドにおける複合的な環境要因への適応として，さまざまな生理機能と行動調節が連動して起こる生物現象である．その研究には，内分泌学，生理学，神経科学，行動生態学，時間生物学，分子生物学，遺伝学などの生物学の諸分野のみならず，環境科学，地理学や気象学なども関わり，回遊・渡り研究は総合的なフィールド科学の一分野である．本書を通して，フィールドで起きている動物の多様で驚異的な「移動」現象の不思議とその進化的背景，そしてその総合的理解を目指した創意工夫に満ちた研究の面白さを感じ取っていただくことができれば，大きな喜びである．

2016年10月

著者を代表して

安東宏徳・浦野明央

目　次

1. 序　論
浦野明央・安東宏徳

1.1　動物の「移動」(migration)は古くから知られていた 1
1.2　正確な行動パターンがわかりだしたのはごく最近 2
1.3　試料の入手が困難 3
1.4　内分泌機構まで研究が進んでいるのはわずか 6
1.5　回遊・渡りにおけるホルモンと受容体 6

2. 回遊・渡りの基礎となる神経内分泌学の概説
浦野明央

2.1　「移動」は本能的な行動 9
2.2　「移動」を制御する生体制御系 12
2.3　動機づけと神経内分泌系 14
2.4　定位に関わる感覚系と神経内分泌系 17
2.5　航行（移動行動）と中枢のパターンジェネレーター 20
2.6　記憶におよぼす神経内分泌系の影響 21
2.7　まとめ：総合的な理解を求めて 22

3. チョウの渡り
山中　明

3.1　飛行の燃料とホルモン 25
3.2　アサギマダラの渡り：北上と南下 28
3.3　オオカバマダラの「渡り」と「コンパス」 29
3.4　「渡り」を支えるホルモン調節機構 32
3.5　チョウの季節適応とホルモン 34

4. アユの両側回遊

矢田　崇・安房田智司・井口恵一朗

4.1	回遊の生活史と浸透圧調節	41
4.2	プロラクチンの機能と構造	43
4.3	アユ仔魚のプロラクチン遺伝子の発現動態	45
4.4	遡上の開始とプロラクチン	48
4.5	定着後のなわばり形成とホルモン	51
4.6	アユのストレス反応とホルモン	54
4.7	まとめ	56

5. サケとクサフグの産卵回遊

安東宏徳

5.1	魚類の回遊の多様性と回遊研究の面白さ	60
5.2	太平洋サケの回遊生態	63
5.3	サケの回遊にともなう生理的変化とホルモン	64
5.4	太平洋サケの産卵回遊のホルモン調節Ⅰ：成長から性成熟への転換機構	66
5.5	太平洋サケの産卵回遊のホルモン調節Ⅱ：産卵回遊開始機構	72
5.6	クサフグの産卵回遊生態	73
5.7	クサフグの産卵回遊行動の地域多様性	75
5.8	クサフグの半月周性産卵回遊行動リズムの調節機構	78
5.9	魚類の回遊研究の展望	81

6. 両生類と爬虫類の移動

朴　民根・山岸弦記

6.1	「移動」を起こさせる生物学的原理：資源の確保と適応度の最適化	84
6.2	両生類と爬虫類：生活の場を陸上に移行させた脊椎動物	85
6.3	水中から陸上への移動にともなう環境適応と生体制御系	87
6.4	両生類の移動	89

6.5	爬虫類の移動	91
	6.5.1 ヘビとトカゲ（有鱗目）	91
	6.5.2 ワニ類	93
	6.5.3 カメ類	93
6.6	移動に必要な空間記憶と感覚機能	96
6.7	おわりに	97

7. 鳥類における渡りの生活史段階の制御

John C. Wingfield, Marilyn Ramenofsky

（訳・浦野明央）

7.1	はじめに	101
7.2	なぜ鳥は渡るのか	103
7.3	渡りを支える生物現象	103
	7.3.1 原動力（筋組織）と持続的な動き	104
	7.3.2 燃料源と力強い運動	104
	7.3.3 中継地での燃料補給	104
	7.3.4 内在性の航行システムと地図	105
	7.3.5 タイミングを調節するしくみ：体内時計	105
	7.3.6 特定の欲求の調整	106
7.4	渡りの生活史段階	107
7.5	渡りを調節するホルモン	110
7.6	春の渡り	112
	7.6.1 春の渡りの生活史段階	112
	7.6.2 春の渡りを調節する内分泌機構	113
	7.6.3 脂肪の蓄積，利用，飛翔：渡りにおける極端な変化	118
	7.6.4 春の肥満と夜の苛立ちの制御におけるテストステロンの役割	119
7.7	秋の渡り：繁殖の後の移動	122
	7.7.1 秋の渡りの生活史段階	122
	7.7.2 繁殖後の渡りを調節する内分泌機構	123

7.8 偶発的な渡り 128
    7.8.1 偶発的な渡りの生活史段階 128
    7.8.2 偶発的な（突発的な）渡りを調節する内分泌機構 130
7.9 血中 CORT 濃度の変動：すべての渡りに共通？ 131
7.10 結　論 135

8. クマの移動と冬眠

坪田敏男

8.1 クマの生活史 143
    8.1.1 食　性 145
    8.1.2 消化機構と内分泌制御 145
    8.1.3 繁　殖 146
8.2 移動と分散 146
    8.2.1 子別れと分散 147
    8.2.2 母親の栄養状態と子別れの関係 147
    8.2.3 子別れのメカニズム 148
8.3 繁殖の行動と生理，内分泌制御 149
    8.3.1 繁殖行動 149
    8.3.2 繁殖生理 150
    8.3.3 繁殖の内分泌制御 152
8.4 冬眠の行動と生理，内分泌制御 152
    8.4.1 冬眠期およびその前後期間における行動 152
    8.4.2 冬眠生理 153
    8.4.3 冬眠前時期の肥満メカニズム 154
    8.4.4 冬眠中の出産 155
8.5 ホッキョクグマの行動と生理 156
    8.5.1 ホッキョクグマの生活史 156
    8.5.2 ホッキョクグマの冬眠様生理と繁殖生理 157
    8.5.3 ホッキョクグマの危機 158

目　次

　　8.6　まとめ 159

略語表 161
索　引 164
執筆者一覧 169
謝　辞 169

遺伝子，タンパク質，ホルモン名などの表記に関して

　現在，遺伝子名は動物種や研究者によって命名法がさまざまある．本巻では，読者にわかりやすくするため，遺伝子名はイタリック体（斜字体）で表記，さらに，ヒトではすべて大文字，哺乳類では頭文字を大文字，それ以外の動物種では基本的にすべて小文字で表記した（遺伝子から転写される RNA もこれに準拠）．タンパク質名に関しては，その活性などによって命名された従来からの呼称を優先して表記したが，特別な呼称がないタンパク質は，遺伝子名を，すべて大文字かつ非イタリック体で表記した．ホルモン名および学術用語は，『ホルモンハンドブック新訂 eBook 版（日本比較内分泌学会編）』および『学術用語集：動物学編（増訂版）』などに準拠した．

サケ属魚類の表記について

　「サケ」は *Oncorhynchus keta* の標準和名であると同時に，サケ属魚類全般を指す一般名としても使われる．本巻では，「サケ」をサケ属魚類の一般名として使用し，*O. keta* を指す場合は，別名としてよく使われる「シロザケ」と表記する．

1. 序　論

浦野明央・安東宏徳

　多くの動物種の個体や個体群が，厳しい気候や環境を避ける，餌を獲得する，あるいは子孫を残すといったことのために旅をする．このような旅を，日本語では，水中を泳ぐ動物の旅は回遊，空を飛ぶ動物の旅は渡り，陸上の動物の旅は移動と呼ぶ．英語ではそれらを区別せず単に migration（本書では「移動」とする）と言う．回遊，渡り，移動は，運動方法や移動距離は異なるものの，いずれもその生物学的意義や調節するしくみなど生物現象としての本質は同じであるからだろう．とは言っても，「移動」の正確な行動パターンがわかりだしたのは最近で，試料の入手が困難なため，内分泌機構まで明らかになった研究はごく少ない．

1.1　動物の「移動」（migration）は古くから知られていた

　洋の東西を問わず，神代と言ってもよい昔から，人々は，春になるとツバメが，秋になるとガンやカモが渡ってくることを知っていただろう．最古の文書の1つである旧約聖書のエレミア書（紀元前600年頃成立）には「空のコウノトリでもその定められた時を知り，ハトやツルやツバメはその来たるべき時をしっかり守っている」と書かれているという．また，出エジプト記には，エジプトにおけるサバクトビバッタの大群の襲来を「終日，終夜，大地を吹きわたる東風によってもたらされ，それは大地の全面をおおった」と記されているという．

　生物学の基本的な概念としての「**移動**」は，紀元前4世紀にアリストテレスの動物誌第8巻・第12章に次のように述べられている．すなわち「動物の行動はすべて交尾や産児や食物の獲得に関係があり，また寒さや暑さや季節の移り変わりに適応している．すなわち，すべての動物は暑さ寒さの移り

変わりについて生来の感受性があり，ちょうど，ヒトもある人々は冬には［野外から］家の中に移り，また広い地方を所有している人々は涼しい所で夏を過ごし，暖かい所で冬を過ごすように，動物も住む場所を変えることのできるものは，そうするのである．それで，ある動物は住みなれた場所から動かずに，寒暑から身を守るが，あるものは場所を離れ［て移住し］，秋分の後には来るべき冬を避けて…＜中略＞…寒い地方を離れ，春分の後には暑熱を恐れて暑い地方から涼しい地方へ出かけるのであって，あるものは近い所から移動してくるが，あるものは，いわば最果ての地からさえやってくる．…＜島崎三郎氏の訳文から引用＞」

「移動」，とくに**渡り**は，このように古くから知られていたが，その科学的な研究が始まったのは 19 世紀になってからであった．当時，研究の対象になったのは鳥類で，どの種が移動するのか，なぜ移動するのか，何が旅にかりたてるのか，どのようにして移動経路を知るのかといった点に疑問がもたれたという．鳥類に限らず多くの動物群で，どの種がどのような「移動」をするのかという行動生態学的な知見は増えたが，上に述べた疑問のほとんどは，今でもそれほど明らかになっていない．（研究の歴史や「移動」についての基本は Baker 編，桑原萬壽太郎 訳，1983 および McFarland 編，木村武二 監訳，1993 がよい参考になるだろう．）

1.2　正確な行動パターンがわかりだしたのはごく最近

「移動」は，遺伝的にプログラムされた本能的な行動であるとされてきたが，プログラムの実体はよくわかっていない．そのプログラムには，渡りの科学的研究が始まって以来の疑問：なぜ移動するのか，何が移動にかりたてるのか，どのようにして移動経路を知るのか，といったことが含まれているはずである．それらを解き明かすためには，行動パターンを正確に知っている必要があるが，それが明らかになり出したのはごく最近のことである．

陸上を移動する動物や，海を**回遊**する動物でも個体識別が可能な大型哺乳類なら，同じ個体を継続的に追跡することが可能であろうが，回遊魚や渡り鳥の移動を追跡するのは困難である．そのため，動物個体に**標識**を装着す

るという方法が長期間にわたって広く用いられてきた．たとえば，渡り鳥の場合，番号を刻印した足環を装着して放鳥・回収する標識調査が100年にもわたって行われてきた．魚類の場合も，標識して放流する調査が一般的であった．しかし，標識調査では，標識が装着された地点と回収された地点の情報から移動経路を類推するしかなかった．しかし近年になって，これらの欠点は，レーダーによる観察，人工衛星の利用，ジオロケータやアーカイバルタグのようなデータロガーの使用などによって大きく改善され，個体群さらには個体の移動について，正確な情報を入手できるようになった．（これらの方法やわかってきたことについては，http://www.press.tokai.ac.jp/webtokai/，東海大学出版部のWeb上にある連載『回遊・渡り・帰巣』を見て欲しい．）

1.3 試料の入手が困難

どのようにして移動経路を知るのかという疑問は，**定位**（orientation）と**航路決定**（navigation）のメカニズムを取り扱う神経生物学分野の問題である．一方，なぜ移動するのかとか，何が移動にかりたてるのかといった疑問に答えるためには，行動の各段階で，**神経系**と**内分泌系**に何が起きているかを統合的に明らかにする必要がある．ここで「**統合的**」と書いたのは，現在の生物科学の進展によって，多くの生物現象，たとえば「移動」に密接に関わっている**日周リズム**や**年周リズム**（コラム1.1参照）を，個体レベルから分子レベルに至る生物現象の各階層をつないで説明できるようになってきたからである（5章参照）．

一方，アリストテレスが2500年ほど前に述べたように，**摂食**や**環境適応**など個体の生存に関わる活動，あるいは種の維持に携わる**生殖**が，「移動」の背景にあることが多い．また，生活環の中のこれらの相には，季節的な周期（年周期）や月周期，ときには日周期などの周期性があるので，本書で扱っている野生動物たちの「移動」にも，年周リズムや月周リズムを形成する体内のカレンダーや日周リズムを形成する時計が関わっていると思われる（コラム1.1参照）．

コラム 1.1
「移動」と生物リズム

　動物の生理現象や行動には，概日リズムを形成する体内時計や概年リズムを形成する体内カレンダーによって駆動される周期性が見られるものが多い（**図 1.1**）．「移動」についても，体内時計が深く関わっており，**生物リズム**は，行動開始前の準備期間に始まる内分泌現象の制御だけでなく，移動行動そのものを制御している定位や航行の機構にも関わっている．

　体内時計と体内カレンダー：「移動」に限らず，生物現象の多くに日周リズムや月周リズム，潮汐リズム，あるいは年周リズムが見られる．それらのリズムの背景には，分子レベルで調節されている内在性の時計やカレンダーがあって，それが明暗サイクル，温度サイクル，食餌サイクルなどの環境因子の周期的変化に同調し，上に述べたリズムが形成される．脊椎動物では，頭頂部にある**松果体**（哺乳類を除く）や脳・視床下部の前方腹側部にある**視交叉上核**に**概日時計**がある（5 章参照）．また，哺乳類の一部だけではあるが，肝臓に体内カレンダーがあると言ってもいい報告がある．

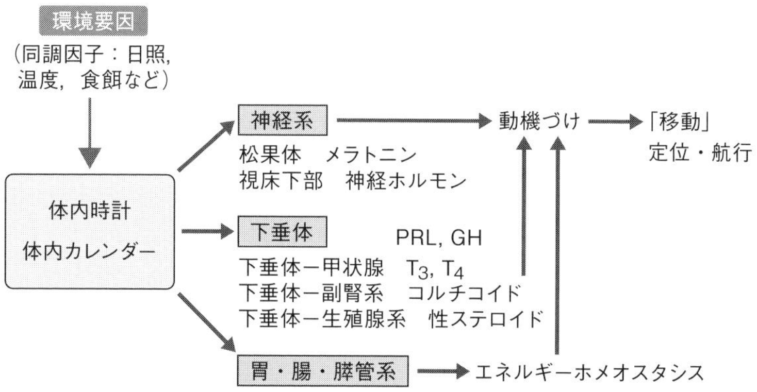

図 1.1　「移動」に関わる生体制御系
　体内時計と体内カレンダー，神経系（神経分泌系を含む），下垂体および胃・腸・膵管系の役割を模式的に示す．詳細はコラム参照．PRL：プロラクチン prolactin，GH：成長ホルモン growth hormone，T_3：トリヨードチロニン triiodothyronine，T_4，チロキシン thyroxine.

> **定位・航行と体内時計**：移動する動物は，その経路を知るために，太陽や星の位置（天体コンパス），地磁気（磁気コンパス），光景，におい，音といった情報を，おそらくは複合的に用いていると考えられている．これらの中で広く利用されていると考えられる太陽については，古くから，時間とともに位置が変わる太陽を定位に利用できるのか，という疑問があった．それについては，体内時計を用いて太陽の位置を補正していることを示す結果が得られている．
>
> **活動リズムと体内時計**：松果体から分泌される**メラトニン**の血中量には，日中は低く夜間に高くなるという日周リズムがある．このメラトニンの日周リズムは，渡りの前になると，夜間，しきりにバタバタする渡り鳥の行動（night restlessness），あるいは夜になると活発になる動物の「移動」行動に関わっている可能性がある．神経系や内分泌系には，他にも睡眠と覚醒などの多様なリズムがあり，それらが「移動」にともなって見られるリズムと深く関わる．

　ここで，「移動」の内分泌機構を明らかにするには，どのような試料が必要か考えてみよう．内分泌現象は，分泌細胞から分泌された**生体情報分子**が，**標的細胞**の**受容体**に結合して生体情報を伝える一連の過程である．したがって「移動」に関わる可能性がある生体情報分子の解析にあたっては，移動経路を追って採捕した複数の個体から，分泌組織，体液（通常は血液），および標的組織を採取することが必要である．

　実験室で飼育しているモデル動物や実験動物ならともかく，野外に生息している「移動」する動物から，内分泌現象を含めて，生理機能を解析するための試料を，移動経路を追って入手するのは容易ではない．標識調査が可能な動物なら，標識する地点や捕獲地点で採捕できるが，長距離を移動する回遊魚や渡り鳥を相手にしようという場合には，移動経路に応じたそれなりの準備が必要になってくる（口絵VI-1章参照）．

1章　序　論

1.4　内分泌機構まで研究が進んでいるのはわずか

　回遊・渡りについてこれまでどのような研究があるかを，PubMedという文献データベースを用いて1960〜2015年に刊行された論文で概観したところ，魚類の回遊に関しては4000件（内，サケは650件）の論文が刊行されている．その内，ホルモンとの関係を調べているものは100件（内，サケは50件）しかなく，しかも回遊の内分泌機構を明らかにしようというものは，サケについての数件だけであった．鳥の渡りについても，4000件とほぼ同数の論文が刊行されているが，ホルモンに関わるものは90件だけであった．
　PubMedが収録している専門誌は，主に医学や生物医学であるが，多くの動物学分野の専門誌も含まれている．上にあげた数字は「移動」におけるホルモンの役割，すなわち回遊や渡りの内分泌機構についての研究の実状を，ほぼ正確に反映していると考えられる．
　検索にかかってきた論文が扱っているホルモンは，**副腎皮質ホルモンのグルココルチコイド**，**甲状腺ホルモン**，**松果体ホルモンのメラトニン**，下垂体ホルモンの**プロラクチン**，生殖に関わる**視床下部―下垂体―生殖腺系**のホルモン，とくに**性ステロイドホルモン**などである．また，どの動物種でも，「移動」にはエネルギー代謝が深く関わっていることを反映してか，脂肪細胞から分泌される**レプチン**を扱っている論文も10編ほどあった．なお，上にあげたホルモンの「移動」における役割の概略は，以下に述べるが，動物種によって行動パターンが違うこともあって，それらの役割が同じであるとは言い難いところがある．それらについては，本書中の各章をみて欲しい．

1.5　回遊・渡りにおけるホルモンと受容体

　はじめに書いたように，動物は，厳しい気候や環境を避ける，餌を獲得する，あるいは子孫を残すといったことで「移動」する．多くの場合，「移動」には季節的な周期があり，移動の前に準備期間をおいて，移動のための行動が動機づけられ，適切な刺激があったところで移動を開始する．それぞれの動物種におけるホルモンやその受容体の動態および役割は，本巻中の各章に

任せることにして，ここでは動物間（といっても脊椎動物に限るが）で共通と思われることにふれたい．

プロラクチン：プロラクチンは多様な作用をもつが，魚類から鳥類に至る多くの動物種で，「移動」のさまざまな局面に深く関わる．たとえば，魚類では海水から淡水への移行と淡水適応（4章参照），両生類では産卵期の陸域から淡水域への移動（入水衝動 water drive，6章参照），鳥類では渡りの前の脂肪蓄積（7章参照）を促進することが知られている．

グルココルチコイド：エネルギー代謝，とくに糖代謝に関わるとされているホルモンで，核受容体に結合して遺伝子発現を制御することによりストレス応答などの生理作用を現すとされてきたが，最近，膜受容体の役割が注目されている．魚類では海水適応（4章参照）に，鳥類ではプロラクチンと協働して渡りの前の脂肪蓄積（7章参照）に関わることが知られている．

甲状腺ホルモン：核受容体に結合して遺伝子発現を制御することで，エネルギー代謝を高める．また変態の促進を介して，直接的にではないが「移動」に関わる．サケの降河回遊では海水適応（銀化）に関わる．

視床下部―下垂体―生殖腺系：視床下部ホルモンである**生殖腺刺激ホルモン放出ホルモン**（GnRH）および生殖腺から分泌される性ステロイドホルモンが，中枢に作用して行動の制御に関わることが知られている（2章，5章参照）．しかし下垂体から分泌される**生殖腺刺激ホルモン**が，直接的に「移動」行動の制御に関わるという報告は見られない．

胃・腸・膵管系のホルモン：インスリンやインスリン様成長因子-Ⅰ（IGF-Ⅰ），**レプチン**，グレリンをはじめとする胃・腸・膵管系のホルモンは，エネルギーホメオスタシスに関わっており，中枢に作用して摂食の制御にも携わっている．これらの作用を介して「移動」行動の発現にも関わる可能性がある（7章参照）．

上にあげたホルモンは，それぞれが単独に働いているわけではなく，いくつかが同時的に働いているはずである．したがって「移動」におけるホルモンと受容体の役割を統合的に明らかにするためには，移動前から目的地に到達するまでの時系列に沿った解析が必要である．野生動物では，このような

解析は困難なことが多いので，実験的な処理も可能な適切なモデル動物を用いた研究も必要である．

1章 参考書

アリストテレス（島崎三郎 訳）(1998)『動物誌（下）』岩波書店．

Baker, R. 編 (1980)（桑原萬壽太郎 訳）(1983)『図説 生物の行動百科 渡りをする生きものたち』朝倉書店．

Baker, R. (1984)（網野ゆき子 訳）(1994)『鳥の渡りの謎』平凡社．

井上慎一 (2004)『脳と遺伝子の生物時計』共立出版．

McFarland, D. 編 (1981)（木村武二 監訳）(1993)『オックスフォード動物行動学事典』どうぶつ社．

浦野明央『回遊・渡り・帰巣』東海大学出版部 Web TOKAI (http://www.press.tokai.ac.jp/webtokai/)．

2. 回遊・渡りの基礎となる神経内分泌学の概説

浦野明央

　水に生きる動物の回遊，空を飛ぶ動物の渡り，および陸に生きる動物の移動，すなわち「移動」（migration）は，遺伝的にプログラムされた本能的な行動だとされている．脊椎動物では，脳・視床下部が摂食行動や生殖行動といった本能行動の中枢であるとともに，神経内分泌系を介して内分泌系の中枢としても働いている．視床下部のこれらの働きを担っているのが，神経ホルモンを産生・分泌しているニューロン（神経分泌細胞）で，下垂体の機能を調節するだけでなく，脳内に広く投射して「移動」にかかわる脳の活動を制御していると考えられる．

2.1 「移動」は本能的な行動

　本能は，動物が生存し子孫を残すための根源的な食欲や性欲などの欲求であり，また，何億年かにわたる動物の進化の過程で，本能的な行動を引き起こすための種特異的な**遺伝子プログラム**（コラム 2.1 参照）として淘汰・洗練されてきたと考えられている．かつては，遺伝的にプログラムされている動物の行動で，生後の経験の必要がないものを，**本能行動**あるいは**生得的行動**とよんでいた．しかし，現在では，行動は遺伝的な要因と経験が複雑にかかわりあうことで発達することが明らかになっており，本能行動も，生得的な部分，反射の部分，動機づけの部分に分けられ，細胞レベル，さらには分子レベルで解析されるようになった．

　回遊，**渡り**，および**移動**についても，過去には本能か学習かといった議論がなかったわけではないが，多くの行動生態学的な研究から，遺伝的な要因と経験が複雑にかかわりあって発達する本能的な行動であることが明らかになっている．本巻に出てくるアユやサケの稚魚が川を下る降河回遊，変態し

たばかりの仔ヒキガエルが産卵池から陸に上り生活場所を目指す移動，日本で生まれ育ったツバメやオオミズナギドリの若鳥が親鳥の旅立った後に南に向かう渡り，いずれも生後の経験や学習がないのに見られる「**移動**」なので，本能行動であると考えざるを得ない．しかし，これらの動物が生まれた場所に回帰する時は，記憶に頼って定位・航行しているはずである．一方，鳥の中にはハクチョウやガン・カモのように子連れで渡ってくるものもいる．親とともに渡ってきた若鳥は，渡りの経路を学習する機会をもつことになるが，渡りの衝動は生まれながらに持っている本能的欲求だとされている．

　本巻で扱われている「移動」という行動のほとんどは，生涯軌跡（動物個体が一生の間に時間的，空間的に通過した経路）という視点から見ると，ある動物の種全体が見せる積極的，かつ定期的な往復運動である．これまでの研究では，移動の経路を明らかにするとともに，**定位・航行**を起こさせるしくみを明らかにすることが中心的な課題となってきたが，その結果として，動物が特定の感覚だけでなく，利用できるすべての感覚を総合的に用いて移動する方向を決めていることがわかってきた．なお，それぞれの動物種が利用できる感覚が遺伝的に決められていることは確かであるが，受け取った感覚情報を，どのようにして記憶（脳内にあるとされている種特有の地図）と照らし合わせて移動の経路を決め，種に特有な運動（たとえば，泳ぐ，飛ぶ，歩くといった運動）に結びつけているかはよくわかっていない．

　さらにわからないのは，何が「移動」にかりたてるのかという根源的な欲求のしくみである．なぜ「移動」するのかという疑問に対する答えの一端は，「動物の行動はすべて交尾や産児や食物の獲得に関係があり，また寒さや暑さや季節の移り変わりに適応している」というアリストテレスの"動物誌"の中の記述に見られると言ってもいいだろう．すなわち，生殖行動や摂食行動のような本能行動を引き起こす欲求が「移動」の根底にあるのだが，その実体 − 遺伝的なプログラム − は，まだほとんどわかっていない（コラム2.1参照）．

コラム 2.1
本能行動の遺伝子プログラム

　本能行動の遺伝子プログラムという言葉は，抽象的にしか語られてこなかったが，今や，さまざまな動物種においてゲノムの塩基配列が解読されている．であれば，分子生物学的な手法を用いて，遺伝子プログラムを科学的に記述することが可能なはずである．

　「移動」は生物現象なので，それに関わる遺伝子群があるに違いない．この遺伝子群を構成するそれぞれの遺伝子は，「移動」の特定の時期に特定の部域で発現すると考えられる．したがって，遺伝子プログラムの実体は，行動にともなって生じる遺伝子発現の変動を，時・空系列的に解析することで明らかにすることができるはずであるが，話は単純ではない．

- 遺伝子の発現は，広義には転写，翻訳，および翻訳後のプロセシングを経て，あるタンパク質が機能をもつまでを言う．しかも行動の発現に必要なのは機能的なタンパク質なので，遺伝子の発現は，転写産物から機能タンパク質ができるまでの動態を，量（mol）あるいは濃度（M）で定量的に示し，それを行動と関連づけて記述する必要がある．
- 動物の行動は脳内のニューロンネットワークによって制御されている．しかし，ニューロンネットワークについての情報が極めて少なく，部域特異的な遺伝子発現の定量的な解析が困難である．
- ニューロンネットワークは複数種のニューロンからなる．それぞれのニューロン内で起きている分子生物学的な事象が同調しているとは考えにくいので，single cells で何が起きているかを明らかにし，その結果を集団統計学的に解析する必要がある．
- 遺伝子発現の最初の段階である転写は，タンパク質である転写調節因子が制御しているので，転写調節因子の遺伝子発現について時・空系列的に解析し，転写調節ネットワークを明らかにする必要がある．

　ここにあげたすべてを満足することは困難であるが，技術的に解決できないことはない．オミックス（-omics）解析や単一細胞中の遺伝子発現の解析法が普及しつつあるし，試料の量も微量で済むようになった．貴重な試料を最先端の手法で解析しようという意識が大切なのである．

2.2 「移動」を制御する生体制御系

左右相称の体制をもつ動物では，本能的な行動も含めて，ほとんどの行動が**中枢神経系**によって制御されている．中枢神経系は，**感覚系**，**運動系**，および**統合系**からなっており，それぞれが形態学的にも生理学的（機能的）にもよく対応している（**図2.1**）．感覚系は身体の内外からの情報（とくに感覚刺激）を受容し処理する系，運動系は運動パターンを作り出す信号を適切な時系列で筋肉系に送り出す系，統合系は情報を統合し，解釈し，どんな反応をすべきか判断を下す系である．先に「移動」は本能的な行動であると述べたが，それは，その発現に本能的な欲求に基づく**動機づけ**が必要だからで，それを行っているのは統合系である．

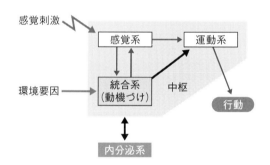

図2.1　感覚系・運動系・統合系（動機づけ系）の関係を示した模式図
説明は本文．

脊椎動物では，脳の中央やや前方の腹側に位置する**視床下部**が，本能行動の中枢であるとされている（**図2.2**）．脊椎動物の脳は，進化とともに複雑な構造をもつようになり，高次機能を営む大脳が発達したが，視床下部はそれほど変化せず，系統発生学的にもっとも古いとされている．また，個体発生においても，視床下部は脳の主要な領域の中では最初期にできてくる部位である．このように視床下部は，系統発生学的にも個体発生学的にも古い，

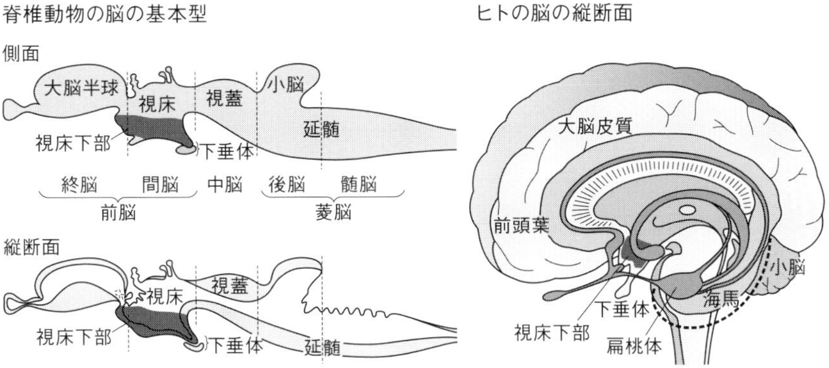

2.2 「移動」を制御する生体制御系

脊椎動物の脳の基本型　　　　　ヒトの脳の縦断面

図 2.2　脊椎動物の脳の基本型およびヒトの脳における視床下部の位置
ほとんどの脊椎動物の脳は前後軸に沿って長く伸びており，その中央部の腹側，すなわち間脳の底部に視床下部が位置する（図中の濃い灰色部分）．ヒトの場合，発生段階で脳が屈曲して大脳皮質が極度に発達することから，相対的には視床下部が小さく見えるが，その位置は基本型と同じように脳の底部である．視床下部は，脳の発生段階の初期に分化してくる領域で，動物の生存に必要な多くの機能の中枢になっている．（脳の基本型の図は Romer (1962)，ヒトの脳の図は Delcomyn (1998) を改変）

いわば原始的ともいえる脳内部位であるからこそ，脊椎動物の各綱で，摂食行動や生殖行動という根源的な本能行動の中枢，そして動機づけ中枢として働いているのであろう．視床下部における本能行動を制御するしくみは，脊椎動物の進化の過程でよく保存されている．

先に，生殖行動や摂食行動のような本能行動を引き起こす欲求が「移動」の根底にあると述べたが，そうであれば，視床下部は，「移動」の中枢であってもよいのではないだろうか．しかも視床下部は，自律機能の中枢としても内分泌機能の中枢としても働いている．**自律神経系**，とくに**交感神経系**は，運動時の呼吸系や循環系の機能の制御に携わっているので，回遊の時の遊泳や渡りの時の飛翔を支える生理機能に関わっているはずである．一方，**内分泌系**は，本巻の各章に見られるように，「移動」のいろいろな局面で，動物個体の代謝や生殖といった生理機能の制御に関わることがわかっている．

以上のことから，「移動」を制御しているのは，ある特定の生体制御系と

いうわけではなく，さまざまな生体制御系がそれぞれの役割をもって「移動」の局面に対応しており，それらを，視床下部および隣接する辺縁系，すなわち**視床下部─辺縁系**が統合していると考えられる．あるいはそれぞれの生体制御系が，対話を介して相互の機能を調節することにより，総合的に「移動」を制御しているとも言える．いずれにしても，視床下部が重要な役割をもつことに変わりはない．

2.3　動機づけと神経内分泌系

　一般的に，動物個体は刺激があるとそれに応答して行動を起こす，ということになっているが，刺激があれば必ず行動を起こすというわけではない．水を飲む行動なら，体液量が少ない，あるいは体液浸透圧が高い，といった生理状態になった時に水を求める行動が始まるのだが，水に対する欲求がなければ，眼前に水があってもそれを飲もうとはしないだろう．また，空腹感がなければ，食物を探そうとはしないだろうし，目の前に食物があっても食べようとはしないだろう．刺激があっても行動が見られないこのような現象，すなわち図2.1にある感覚系から運動系に情報が伝わらない状態は，神経行動学的には，感覚系と運動系を結ぶ脳内のニューロンネットワークが動機づけられていないためである（Ewert, 1980 参照）．

　脊椎動物の視床下部は，本能行動のおそらくは動機づけ中枢として働いていると先に述べたが，それには次のような理由がある．行動中の動物では，脳は覚醒している，すなわち脳内の多くの部位のニューロンが活動状態にあるか，あるいは刺激があればすぐに応答できる状態にあるのである．脳をこのような状態にすることができるのは，脳幹に細胞体があるモノアミン作働性ニューロンおよび網様体ニューロンである．これらのニューロンは脳内の多くの領域に広く投射しているが，視床下部にあって神経ペプチドを情報分子としているニューロンのなかにも，同様の投射パターンをもつものがある．そのうちのいくつかは，代謝や生殖といった生理機能を調節するさまざまなホルモンを分泌する下垂体に線維を送っている**神経分泌細胞**である（図2.3）．筆者は，このように脳内に広く投射するとともに下垂体にも線維を送ってい

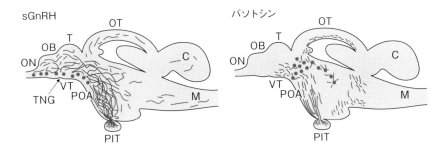

図 2.3　脳内と下垂体に投射する神経分泌細胞
シロザケの脳内における sGnRH ニューロンおよびバソトシンニューロンの投射パターン．黒丸は細胞体の位置を，細線は線維の分布を示す．C：小脳，M：延髄，OB：嗅球，ON：嗅神経，OT：視蓋（視葉），PIT：下垂体，POA：視索前野，T：終脳，TNG：終神経節，VT：終脳腹側部（浦野，原図）．

る神経分泌細胞が，「移動」の動機づけに携わっているのではないかと考え，研究を進めてきた．

　研究対象の1つは，産卵期のヒキガエルが，冬眠から覚めて生まれた池に回帰する移動行動であった．この研究は筆者が埼玉大学に奉職していたときに行ったものであるが，研究を進めるにあたっての仮説は，「この移動行動は，雌雄が繁殖池に集まるという生殖行動の最初の段階なので，**生殖腺刺激ホルモン放出ホルモン（GnRH）が移動行動の動機づけに携わっているに違いない**」というものであった．なお，研究を進めることができたのは，埼玉県三郷市におられるカエル取りの名人，大内一夫氏の尽力で冬眠中のヒキガエルを入手することができたからに他ならない．

　図 2.4A にあるように，ヒキガエルの脳波の振幅や周波数は，哺乳類とは大きく異なり，行動パターンによく対応している．冬眠中のヒキガエルの脳波は，Ⅰにあるように，あるかないかわからないような低振幅の徐波であるが，冬眠から覚め始めるとⅡのようにいくらか振幅が大きくなり，ときおり目の動きに対応したスパイク状の発射を見せるようになる．冬眠から覚めて起き上がると，Ⅲにあるようなまだ低振幅ではあるが高周波数の速波が見られるようになり，動き回っている時にはⅣのような高振幅・速波を示す．

2章　回遊・渡りの基礎となる神経内分泌学の概説

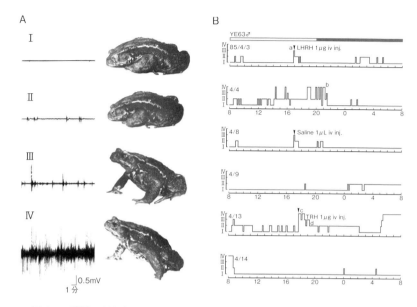

図2.4　脳波で見た冬眠中のヒキガエルに与える GnRH の影響
A:ヒキガエルの行動と脳波.ヒキガエルの脳波の振幅や周波数は行動パターンによく対応している. B:GnRH および TRH の脳室内微量投与による脳波の変化.図は,A図のⅠからⅣまでの脳波の変化を指標に作成.詳細は本文.

このような脳波のパターンを指標に，院生だった藤田吉之君が，冬眠中の雄ヒキガエルの脳室内に微量の GnRH（1 μg/μL）を投与し，その影響を調べた．図 2.4B は結果の一例で，GnRH 投与（a）のおよそ24時間後に，投与個体が冬眠から覚めて盛んに動き回っていることを示す高振幅・速波（b）が見られた[*2-1]．対照として投与した生理食塩水(Saline, GnRH を溶かすのに使用)では，GnRH の投与によって見られたような脳波の変化は見られなかった．

図には示していないが，GnRH 投与の数時間から12時間後に血中の**アンドロゲン**濃度が大きく上昇していたので,脳室内に投与したGnRHによって,

---

[*2-1]　図中ではGnRHは実験当時の名称であるLHRHになっている

下垂体の**生殖腺刺激ホルモン**の分泌が刺激され，その結果として精巣のアンドロゲンの分泌が高められたと考えられる．一方，電気生理学的な手法で調べたヒキガエルの視索前核の性行動引き金ニューロンの電気活動は，GnRHの直接的な微量投与で高まる．しかし，GnRHによる動機づけを反映している可能性のある池への回帰行動の活性化が，GnRH単独の作用なのか，下垂体―生殖腺系を介して分泌された**性ステロイドホルモン**の作用なのか，あるいは両者の協働作用なのかについては未だに答えが出ていない．

図2.4B下方（c, d）にある**甲状腺刺激ホルモン放出ホルモン**（TRH）による行動レベルの高まりは，TRHによる下垂体からの**プロラクチン**の分泌亢進を反映している可能性があるが，現時点では踏み込んで議論できるデータや報告がほとんどない．なお，本項で述べた実験結果は再現性を有するが，公表するためにはGnRHの阻害剤の影響を見るといったデータが必要であるため，原著論文として発表していない．しかし，一端は『ヒキガエルの生物学（浦野・石原，1987）』に掲載してある．

2.4 定位に関わる感覚系と神経内分泌系

動物個体が「移動」するときには，感覚系が，太陽や星の位置（天体コンパス），地磁気（磁気コンパス），光景，におい，音といった情報を，おそらくは複合的に用いて移動する方向を定め（**定位**），運動系がそれを脳内の地図（2.6節参照）に当てはめて，「移動」（**航行**）が起こるとされている．脊椎動物では，この定位と航行の中枢と言ってもよい脳内の領域が，中脳の背側を占めている**視蓋**である．この領域は，魚類から鳥類まででは視葉，哺乳類では上丘ともよばれており，何層かの線維層と細胞層が重なる構造をもっている（他に脳内でこのような構造をもつのは，高度の情報処理と記憶を司っている大脳皮質と小脳である）．

視蓋の表層には，視野の空間的な配置を写像として投射する視神経が入り込んでいる．一方，深層には，表層からの視覚情報だけでなく，位置と方向についての情報を伝えるさまざまな入力があり，それらの情報が航行の制御に関する信号に変換されている．それらの入力に加えて，**図2.5**に示すよう

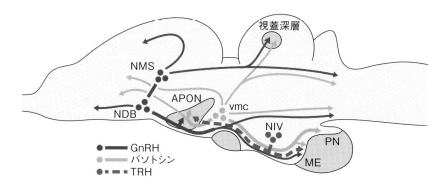

図2.5 ヒキガエル視蓋へのGnRHニューロンおよびバソトシンニューロンの投射の模式図
視蓋深層部の投射部位を円で示した．また，ニューロンを丸で，主要な投射線維は線で示した．APON：視索前核前部，ME：正中隆起，NDB：対角帯核，NIV：漏斗核，NMS：内側中隔，PN：神経葉，vmc：視索前核．

に，視床下部の神経分泌細胞やペプチドニューロンが，深層に投射している．図には示していないが，ペプチド性の入力の中には，摂食の制御に関わる**オレキシン**ニューロンからの投射も含まれている[2-1]．このような視床下部から視蓋深層への投射によって，感覚情報から運動情報への変換を司っている深層ニューロンの活動レベルが高まる，すなわち動機づけられている可能性がある．それを確かめるのは，実験によるしかないので，モデル動物としてサケ属のニジマスを用い，視蓋深層ニューロンに対するGnRHの作用を調べた．実験を進めたのは，筆者の北大時代にサケの回遊について共同で研究した伊藤悦朗博士（現 早稲田大学）の研究室の木下雅恵博士であった[2-2〜2-6]．

視蓋深層ニューロンの活動は，体外に切り出したニジマス視蓋のスライス標本を用い，パッチ電極法によって記録された．生理食塩水中においたスライス標本の表層の視神経層を電気刺激すると，深層ニューロンに興奮性の電流が生ずる．その電流の振幅が，50 nM という低濃度のGnRHを生理食塩水中に加えると倍近くになったのである（**図2.6**）．サケ属魚類の脳内には，いくらかアミノ酸配列が異なった2種類のGnRH（サケ型sGnRHとニワト

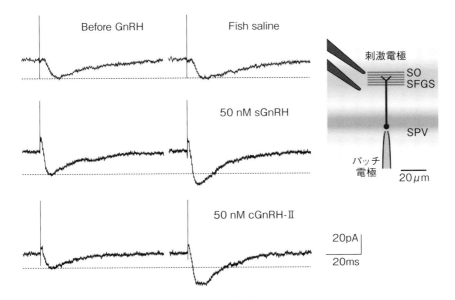

図 2.6　ニジマスの視蓋における GnRH の作用
　説明は本文．SO：Stratum opticum，視神経層；SFGS：Stratum fibrosum et griseum superficiale, 表層；SPV：Stratum periventriculare, 深層．（引用文献 2-5 原図）

リⅡ型 cGnRH-Ⅱ）が存在するが，いずれの GnRH もよく似た作用を示した．以上の結果は，視蓋において定位と航行に関わる感覚情報を運動情報に変換しているニューロンの動機づけに GnRH が関わっている可能性を支持しているのではないだろうか．

　中枢ニューロンに対する GnRH の興奮性の作用は，視蓋深層ニューロンだけではない．先に述べたように，ヒキガエルでは性行動の引き金中枢にあるニューロンが GnRH によって興奮性を高めるし，ニジマスでは，視床下部の視索前核に分布する**バソトシンニューロン**と**イソトシンニューロン**もまた nM レベルの GnRH によって興奮性が高まることが，Ca^{2+} イメージング法によって示されている[2-7]．バソトシンニューロンもイソトシンニューロンも，視蓋深層を含めて，脳内に広く投射している[2-8]（**図 2.3**）．少なくとも生殖に関わる「移動」では，GnRH に端を発した脳の活性化が，いわゆる古典的な神経分泌系をも巻き込んで，「移動」行動を動機づけているのでは

ないだろうか．GnRH は視床下部—下垂体—生殖腺系の機能を高めて，性成熟を促しているので，生殖腺から分泌される性ステロイドが GnRH の中枢作用に拍車をかけている可能性も考えられる．

2.5　航行（移動行動）と中枢のパターンジェネレーター

　動物が「移動」するために必要な遊泳や歩行のような運動が，脳幹の特定の神経核（脳内にあって特定の機能を受けもっているニューロンの集まり）を電気刺激することによって誘発できるという（佐藤真彦, 1996 参照）．この領域は，魚類では遊泳中枢，両生類以上の四肢動物では歩行誘発野と呼ばれており，比較解剖学的にはよく似た位置にある．

　上に述べた脳幹の領域は，移動行動の**パターンジェネレーター**として機能しており，そこには脊髄に線維を送っている**司令ニューロン**がある．脊髄を下行する司令ニューロンの軸索は，各体節で側枝を出し，遊泳のための筋収縮あるいは順序正しく四肢を動かすための中枢プログラムを制御しているとされているが，視蓋深層ニューロンからの情報がどのように伝わっているかは，まだよくわかっていない．

　筆者らがサケの回遊を研究するためのモデル動物として用いたニジマスでは，視蓋の深層ニューロンが投射している部位として視蓋前野，半円堤（はんえんてい），峡核（きょうかく）といった中脳の主要なニューロン集団が確認されている[2-5]．これらのニューロン集団は，視覚情報，聴覚情報，あるいは側線が感じる水中の電気的変化や振動などといった情報を受け取っている．遊泳中枢や歩行誘発野の司令ニューロンは，視蓋深層のニューロンから，直接的に，あるいは少数のシナプスを経由して，航行のための情報を受け取るのではなく，上に述べたニューロン集団によって処理された情報を受け取っているのかも知れない．

　なお，脳幹部の運動を制御しているニューロン群に対する神経ホルモンの作用を調べた研究例として，生殖行動時の雌ラットが雄ラットを受け入れるために見せる行動の発現には，視索前野から投射している GnRH ニューロンによって中脳の中心灰白質ニューロンが興奮する必要があるという[2-9]．中心灰白質の位置を考えると，その部位のニューロンは司令ニューロンとし

て機能しており，それがGnRHによって動機づけられたと言ってもよいだろう．視床下部に始まる神経ホルモンや神経ペプチドを含む線維は，本章でふれたヒキガエルやサケ類だけでなく，多くの動物でも，脳幹に投射しているので，それによって航行の制御に関わる司令ニューロンや中枢のパターンジェネレーターが動機づけられている可能性が考えられる．

摂食行動や生殖行動のような本能行動が発現するときには，特定のニューロンネットワークが働くというよりは，脳幹にあるものも含めて，多くの部域のニューロン集団が働いていることがわかってきた．しかし，脊椎動物の航路決定が，どこまで感覚系と運動系による反射的なものなのか，記憶がどう関わっているのか，そこに動機づけ系が関わってくるものなのかはわかっていない．したがって，視床下部による動機づけ機構の解明は，「移動」時の行動を理解する上で，ますます重要になってきたと言えよう[*2-2]．

2.6 記憶におよぼす神経内分泌系の影響

ここまで，「移動」という本能行動を制御する脳内のニューロンネットワークは感覚系，運動系，統合系（動機づけ系）からなり：
- 行動の発現には感覚系と運動系の動機づけが必要であること
- 視床下部の神経分泌系が動機づけに重要な働きをしていること

を示してきた．多くの場合，「移動」は，日長，気温や水温，雨季か乾季か，といった外部環境の季節的な変動によって誘起されるので，環境の変化が，動機づけ系を活性化する重要な要因であると考えられる．注意しておきたいのは，ここに挙げた環境の変化が，定位・航行に関わる感覚系ではなく，松果体や視床下部―下垂体系によって検出され得ることである（**図 2.1 参照**）．

「移動」を誘起する環境要因は，実は，動物にとって必ずしも好ましいものではないという（Willmer *et al*., 2005 参照）．そうであれば，動物は生存

[*2-2] 左右相称動物の航路の決定が，シナプスレベルでは，分泌される伝達物質の左右非対称性によって説明できる．右に行くか左に行くかは，左右どちらの筋肉がよりよく働くか，すなわちどちらの神経－筋接合部がより多くの伝達物質を放出しているかで決まるというのである．しかし，その決定の時に中枢で何が起きているかはわかっていない．

にとって，あるいは子孫を残すのに不都合なことが起きるのを防止するために「移動」する，すなわち**ストレス**を事前に回避するために行動していると言える．動物が自身にとって不利なことを避けようとすることを学び**記憶**するのが**嫌悪学習**である．動物はいつどこを目指せばいいのかを嫌悪学習によって学ぶのかも知れない．哺乳類の脳内では，海馬が嫌悪学習に関わること，視床下部─下垂体─副腎系のホルモンが海馬の働きに影響を与えることがよく知られている．

　「移動」している脊椎動物は，出発点と終点，そして途中の中継地をよく知っており，それぞれの種は自身がもつ知覚能力に見合った**地図**を作っているとされている．たとえば，外洋を舞台に渡りをするミズナギドリの仲間は，海上のジメチルスルフィド（植物プランクトンが多い海域に高濃度に分布する）の分布を指標とする嗅覚地図を作っているという[2-10]．またイモリやカエルは，陸上の生活の場から水辺までの要所のにおいを順に追って生まれた水辺にたどり着き，日本系のシロザケは，若い時にベーリング海にたどり着くために通過した海域を通って母川に回帰する．ハクチョウなどは，北海道の中継地を経て北に向かい旅立つ．豊富に集められたこのような知見から，「移動」する動物は，出発点から中継地を経て目的地に至る航路を地図として記憶し，それを順にたどって行動すると考えられている．

　空間についての記憶を司っている脳内部位が**海馬**であることが，哺乳類では確立していると言ってもよいだろう．この海馬に相同な部位が，魚類から鳥類の脳にも存在する．上に述べたように海馬は嫌悪学習にも関わっている．ここからは推論になってしまうが，おそらく，海馬を中心とする「移動」経路の脳内地図は，いつどの場所を避けるように移動すればよいかという嫌悪学習によって形成され，視床下部─下垂体─副腎系のホルモンがそれを増強する，と考えることができる．

2.7　まとめ：総合的な理解を求めて

　「移動」を理解するためには，どのような視点をもつかが重要である．アリストテレスが動物誌の中で「ある動物は，秋分の後には来るべき冬を避け

て寒い地方を離れ，春分の後には暑熱を恐れて暑い地方から涼しい地方に出かける」と述べているように，「移動」を誘起する外部刺激は，動物にとって必ずしも好ましいものではない．同じように，日常的な本能行動を引き起こしている原因も，動物にとって好ましいものとは言えない．飲水行動は渇きによって，摂食行動は飢え（空腹感）によって，生殖行動は個体としての生存が危うくなる時に見られる．「移動」も日常的な本能行動も，それらを動機づけている要因は共通なのである．したがって試料の入手が容易ではない「移動」の研究では，適切なモデル動物を用いた本能行動のさまざまな切り口からの研究との摺り合わせが重要になる．

　「移動」は遺伝的にプログラムされた本能行動とされているので，それを理解するためには**遺伝子プログラム**の解読がきわめて重要である（コラム2.1参照）．とは言っても，行動そのものがわかっていなければ，分子レベルの事象との時間的な対応を取ることはできない．

　現状では，遺伝子プログラム解読の第一歩は，研究対象とする動物種の行動パターンを全局面にわたって行動生態学的に記述することであるが，それが容易ではない．研究対象とするのが野生動物であるため，年ごとに異なる環境要因の変動（海洋生物であればエルニーニョとラニーニャの周期的な変動がある）によって，異なった行動パターンを見せるし，体内の生理的な要因も異なった変動パターンを示す．いわば短期的な環境要因の変動に加えて，野生動物は地球環境の変動にもさらされている．動物たちは，生物であるがゆえに，いやでも環境要因の変動に対応する．「移動」の研究では，決してそれを忘れてはならない．

　現生の動物の「移動」という習性は，短くても氷河期，長ければ種として確立して以来の地球自身の変化（たとえば大陸移動）や環境の変化（地球の南北軸の移動に基づく気候の変化など）を越えて確立したものである．したがって「移動」の理解には，研究対象である動物種がどのような歴史を経て，現在の行動パターンを獲得したか知ることも重要である．それには，おそらく分子生物学的な生物地理学（Molecular biogeography）が貢献するだろう[2-11]．

2章 参考書

アリストテレス（島崎三郎 訳）（1998）『動物誌（下）』岩波書店.

Delcomyn, F. (1998) "Foundation of Neurobiology" WH Freeman and Company.

Ewert, J. -P. (1980) "Neuroethology - An Introduction to the Neuro- physiological Fundamentals of Behavior" Springer-Verlag, Berlin.

Romer, A. S. (1962) "The Vertebrate Body" 3rd ed. Saunders.

佐藤真彦（1996）『脳・神経と行動』岩波書店.

浦野明央・石原勝敏（編著）（1987）『ヒキガエルの生物学』裳華房.

浦野明央（2012-2013）Web TOKAI 連載『回遊・渡り・帰巣』東海大学出版部（http://www.press.tokai.ac.jp/webtokai/）.

浦野明央（2014-2015）Web TOKAI 連載『本能と煩悩』東海大学出版部（http://www.press.tokai.ac.jp/webtokai/）.

Willmer, P. *et al.* (2005) "Environmental Physiology of Animals" Blackwell, Malden.

2章 引用文献

2-1) Lopez, J. M. *et al*. (2014) Peptides, **61**: 23-37.

2-2) Kinoshita, M. *et al*. (2002) Eur. J. Nurosci., **16**: 868-876.

2-3) Kinoshita, M. *et al*. (2004) Neurosci. Letters, **370**: 146-150.

2-4) Kinoshita, M. *et al*. (2005) J. Comp. Neurol., **484**: 249-259.

2-5) Kinoshita, M. *et al*. (2006) J. Comp. Neurol., **499**: 546-564.

2-6) Kinoshita, M. *et al*. (2007) Euro. J. Neurosci., **25**: 480-484.

2-7) Saito, D. *et al*. (2003) Neurosci. Letters, **351**: 107-110.

2-8) Saito, D. *et al*. (2004) Neuroscience, **124**: 973-984.

2-9) Sakuma, Y., Pfaff, D. (1980) Nature, **283**: 566-567.

2-10) Nevit, G. A. (2008) J. Exp. Biol., **211**: 1706-1713.

2-11) 佐藤俊平（2004）北海道大学大学院理学研究科・学位論文.

3. チョウの渡り

山中　明

　鳥以外で「渡り」をする動物として，最近，その知名度を上げてきたものの1つに，チョウ（蝶）がいる．日本のアサギマダラや北米のオオカバマダラである．両種の季節的な北上や南下，つまり「渡り」が，季節の風物詩として話題に取り上げられている．20世紀後半，昆虫の長距離飛行にともなう炭水化物から脂肪への燃料の切り換えのしくみが，トノサマバッタで解明された．21世紀に入り，数千キロをも移動する華麗なチョウの「渡り」のたいへん興味深いしくみが徐々に明らかになってきた．

3.1　飛行の燃料とホルモン

　ある種の昆虫は，**移動**や**分散**をその生活環の中に取り入れている．一般に，それらは，その種にとって好ましくない生育環境（冬や夏，過密や食餌の枯渇など）を回避するため，あるいは繁殖地を拡大するためなどの生態学的意義をもつと考えられる．

　移動の代表格の昆虫は，長距離飛行をするトノサマバッタ（*Locusta migratoria*）やサバクトビバッタ（*Schistocerca gregaria*）である．これらが大発生した場合，生育地の食草が枯渇すると，大群をなして食草のある地へ次々と大移動する．休憩をはさみながら数千キロもの飛行を可能にする生体内のメカニズムとは，一体どのようなものであろうか．

　昆虫の**飛行の燃料**は，脂肪体に蓄えられた**脂肪（トリグリセリド）**である．炭水化物と比べ，重量当たり2倍以上のカロリーがある．この脂肪や昆虫の**血糖**である**トレハロース**（炭水化物）を飛行の燃料として使うための巧妙なしくみには，体液中に**脂質**を動員するホルモンと脂質を輸送するタンパク質の協働がある．

3章 チョウの渡り

　脂質動員ホルモン（adipokinetic hormone：AKH）は，トノサマバッタの長距離飛行に限らず，昆虫の体液中における脂質代謝の調節にたいへん重要な役割を果たしているペプチドホルモンである．トノサマバッタのAKHは3種類が同定されている．10アミノ酸残基からなるAKH-Ⅰ（pQLNFTPNWGTa）（pQはピログルタミン酸，aはアミドを示す），8残基からなるAKH-Ⅱ（pQLNFSAGWa），同じく8残基からなるAKH-Ⅲ（pQLNFTPWWa）[3-1]である．これらは側心体で産生され放出される．AKH-Ⅰは昆虫で最初に一次構造が解明された**神経分泌ホルモン**で，脂質代謝の調節のほかに，トレハロース代謝を主とする糖代謝も調節する．

　脂質を輸送するタンパク質は，**リポフォリン**（lipophorin；ギリシャ語でリピドを運ぶタンパク質の意）と呼ばれ，アポリポフォリンⅠ（約240 kDa）とアポリポフォリンⅡ（約80 kDa）が1分子ずつ結合したヘテロ二量体である．リポフォリンは，ほぼ同じ重量の脂質（**ジグリセリド**）と結合することができる．ジグリセリド以外の中性脂質として，コレステロールやパラフィンも運ぶ．リポフォリンは脂肪体で合成され，体液中に放出される．放出されたリポフォリンは脂肪体の細胞表面でジグリセリドなどの脂質を積み込み，体液を介して脂質を利用する組織（飛翔筋，卵巣，体表など）で，その積荷であった脂質を積み下ろす．そして，再び脂質を積み込むために脂肪体へ向かう．この過程を何回も繰り返すことができるのが，リポフォリンの最大の特徴である（**図3.1**）．

　AKHとリポフォリンの関係であるが，トノサマバッタの場合，飛行前の体液中のトレハロース濃度は高く，トレハロースはリポフォリンによるジグリセリドの積み込みを阻害するため，トリグリセリドが脂肪体中に備蓄された状態となる．飛行の開始とともに，血糖であるトレハロースが最初に消費されて体液中の濃度が低下すると，リポフォリンによる脂肪体からのジグリセリドの積み込みが始まる．時を同じくして，飛行の開始が脳と側心体に伝えられ，AKHが放出される．AKHが脂肪体に作用するとリパーゼ活性が上昇し，トリグリセリドからジグリセリドがつくられてリポフォリンに積み込まれる．トノサマバッタでは，さらに平均9分子（最大13分子）のアポリ

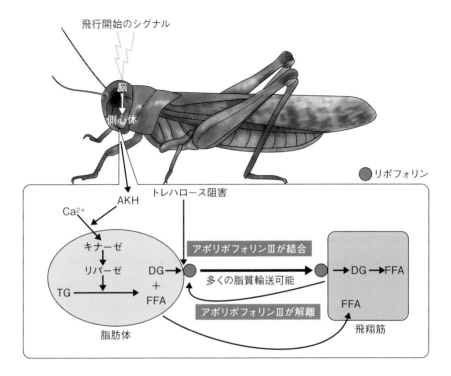

図 3.1　トノサマバッタの長距離飛行にともなう脂質輸送のしくみ
AKH とリポフォリンによる炭水化物から脂肪への燃料の切り換え．
TG：トリグリセリド，DG：ジグリセリド，FFA：遊離脂肪酸．（茅野，2000 を改変）

ポフォリンⅢ（約 19 kDa）がリポフォリンに結合することにより，より多くのジグリセリドを積み込んで飛翔筋に運ぶことができる（**図 3.1**）．その後，ジグリセリドを積み下ろしたリポフォリンは，アポリポフォリンⅢを解離する．つまり，トノサマバッタは，燃料である脂質をいつでも，かつ大量に燃焼器官である飛翔筋に輸送するシステムをもつがゆえに，長距離飛行が可能なのである．

3.2 アサギマダラの渡り：北上と南下

　日本におけるチョウの**渡り**で，とくに注目を浴びている種は，アサギマダラ（*Parantica sita*）である（口絵Ⅵ-3章①）．アサギマダラは，タテハチョウ科マダラチョウ亜科アサギマダラ属に属するチョウで，東南アジア（台湾，ルソン島北端部），中国南部−西北ヒマラヤ，朝鮮半島，日本全土に分布する．日本に生息しているアサギマダラは，亜種 *P. s. niphonica* とされている．

　チョウの**越冬**形態は種によってさまざまであるが，アサギマダラは，関東あたりから台湾にいたる広い範囲で，非休眠の各段階で越冬する．春に羽化した成虫は越冬地から北上して，移動先で産卵する．この卵から育った第1世代の成虫は，さらに北上あるいは高地に移動し，そこで次の世代を生じる．その後，成虫は秋になると日本列島を南下しはじめる．つまり，鳥の渡りとは異なり，数世代にわたる長距離移動が，「渡り」を生み出している．

　アサギマダラの移動ルートを明らかにするため，1980年頃からマーキング調査が始まり，現在では日本の各地で盛んに行われている．たとえば，2011年の愛媛県の記録によると，同県への移動は，長野県，石川県，福島県，愛知県などから南下してきた個体が確認され，また，同県においてマーキングされた個体が徳島県や高知県，さらには鹿児島県の喜界島や屋久島で再捕獲されている[3-2]．日本から国外への移動も確認されている．2013年10月に山口県で標識された個体が，同年11月に香港で再捕獲された[3-3]．じつに，約1か月足らずで，およそ2,000 kmを渡ったのである．しかしながら，本種がなぜ季節的な長距離移動をするのかという問いに対する明確な答えは出ていない．ようやく，日本および周辺国におけるアサギマダラの移動ルートが判明しつつある段階にある．

　アサギマダラの雌は，「渡り」の先々で，次世代を残すために幼虫の食草となるガガイモ科植物（キジョラン，イケマなど）を見つけ出し，それらの葉に卵を産みつける．とくに，北上の渡りの際，栄養補給のために訪花をしつつ，雌は産卵を促すために必要な宿主植物に含まれている**産卵刺激物質**を1つの道しるべとして移動していると思われる．キジョランに含まれるアサ

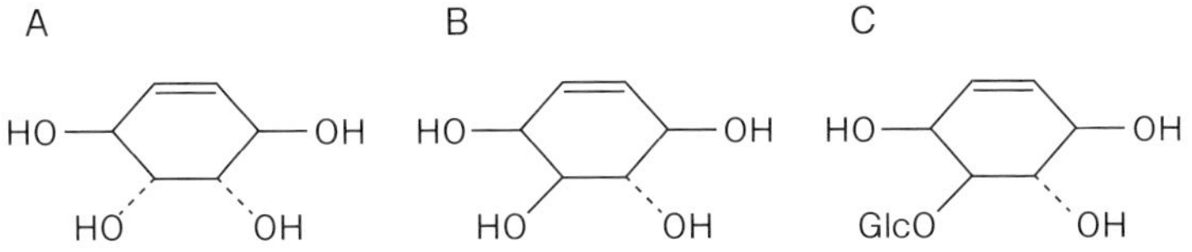

図 3.2　キジョランに含まれるアサギマダラの産卵刺激物質
A：コンデュリトール A，B：コンデュリトール F，C：コンデュリトール F 2-*O*-グルコシド．（引用文献 3-4 を改変）

ギマダラの産卵刺激物質は，3 種類のコンデュリトール類（図 3.2）であることが判明している[3-4]．アサギマダラの「渡り」についての知見は，これまで多くの生態学研究や化学生態学研究から得られているものの，内分泌学的研究は，残念ながら現時点ではまったく手つかずの状況にある．

3.3　オオカバマダラの「渡り」と「コンパス」

渡りをするチョウで最も有名なのは，北アメリカ大陸に分布するオオカバマダラ（*Danaus plexippus*）で，「渡り」をするチョウ類の中では最も多角的に研究が進められている．本種は，タテハチョウ科マダラチョウ亜科オオカバマダラ属に分類され，翅は橙色をし，黒色の翅脈・白い斑紋をもつ．この翅の橙色は警告色としても知られている．オオカバマダラ属のチョウのすべてが移動性をもつわけではない．世界各地に分布する本属 101 種の移動に関連する遺伝子の比較解析により，約 200 万年前のオオカバマダラの祖先は移動性をもち，北米地域から各地に分散していったと推察された[3-5]．

北アメリカにはロッキー山脈を境に 2 つの移動個体群が存在する．比較的少数の西の個体群は，ロッキー山脈の西側の州からカリフォルニアへ移動する．一方，東の大きな個体群はカナダ南部とアメリカ北部地域からメキシコ中央部へと移動する（図 3.3）．東の個体群において，北アメリカと南カナダ国境地域で発生を繰り返していたオオカバマダラは，毎夏 8 月ごろ，越冬のために，メキシコに向けて南下を始める．そして，南下の間に個体群は大きくなり，集団移動するようになる．その距離は 3,000 km を越えることも

3章 チョウの渡り

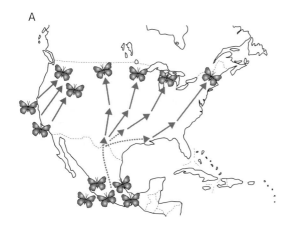

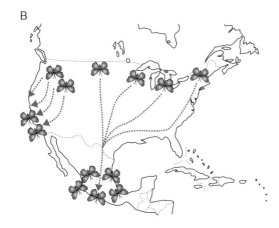

図 3.3 北米のオオカバマダラの北上（A）および南下（B）の移動ルート
北米においてロッキー山脈をはさんで東と西の個体群がある．図中の矢印（実線）は春夏の世代をつないで渡る個体，一方，矢印（破線）は秋の大移動個体で，メキシコで越冬後，再び北上する．（引用文献 3-6 を改変）

ある．南下する移動個体は，世代をつなぐことなく，その個体自身がメキシコまで移動する[3-6]．一方，メキシコ中央部において集団越冬していた成虫は，春，日長が長くなり，暖かくなると交尾をし，再び北を目指して飛翔を開始する．北上していくにあたっては，数世代の発生を繰り返しながら，北アメリカとカナダ南部の国境地域に向かう．

一体，オオカバマダラはどのような**コンパス**を使って，メキシコまでの南下を完遂させているのだろうか．2002 年にチョウの飛行シミュレーターが開発され，オオカバマダラは**太陽コンパス**を使っておおよその南の方角を決

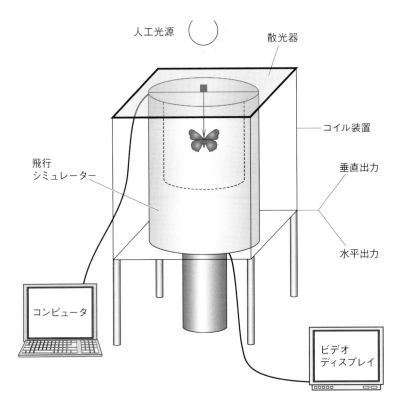

図 3.4 磁気コイルを組み込んだ飛行シミュレーター
従来の飛行シミュレーターに磁場発生のためのコイルを取り付けた装置により，オオカバマダラは磁気コンパスをもつことが証明された．
（引用文献 3-9 を改変）

めていることが示され，曇天時の飛行には**磁気コンパス**を併用しているというこれまでの考えは，一時は否定的となった．その後，紫外線を用いて太陽の位置を把握していること，触角で概日時計の時計遺伝子が発現していたことから，時刻補償機能をもつ太陽コンパスが触角にあることが判明した[3-7]．ところが，磁気コイルを組み込んだ飛行シミュレーターが開発され，地場の方向を変更すると本来の方向とは違う方向へ飛行したり，あるいは方向が定まらず，くるくると周回する飛行となることがわかり，オオカバマダラは，

3章　チョウの渡り

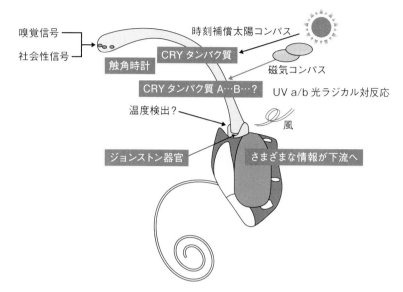

図3.5　オオカバマダラの触角に存在する「渡り」のコンパスの概要
オオカバマダラの触角には概日時計があり（触角時計），触角は太陽コンパスの時刻補償機能を担っている．また，触角は地磁気の変化を感知する磁気コンパスとしても機能する．磁気の感知は波長の長い紫外線A波に依存しており，青色光受容タンパク質であるCRY（クリプトクローム）の分子内で起こる光ラジカル対反応によると考えられている．触角は，複数種のコンパスとして機能する以外にも，においや気流，熱などのさまざまな情報を感知して中枢神経系に伝えている．（引用文献3-9を改変）

一度は存在しないとされた磁気コンパスをもつことが明らかとなった[3-8, 3-9]（図3.4）．つまり，鳥の渡りやアカウミガメの回遊のコンパスとして知られる磁気コンパスが，無脊椎動物であるチョウにも存在することが初めて証明された．オオカバマダラの触角には複数種のコンパス（**センサー受容器**）が存在し，中枢神経系でこれらの情報を統合したうえで，生体内情報伝達系の下流へ情報を伝えていると考えられる（図3.5）．

3.4　「渡り」を支えるホルモン調節機構

「渡り」をするオオカバマダラに特別な生理代謝，とくにホルモン調節機構は存在するのであろうか？　夏以降にメキシコに向けて南下し再北上する

3.4 「渡り」を支えるホルモン調節機構

移動個体と，春に数世代をかけて北上していく個体の生理的な違いは何か？

越冬先であるメキシコで冬越しをする間，オオカバマダラの成虫は**生殖休眠**の状態にある．つまり，北部アメリカとカナダ南部地域で羽化した移動個体は，生殖腺を発達させることなくメキシコに渡る．生殖休眠中は，短日条件が脳の神経分泌細胞を不活発にするため，アラタ体が不活性化され，**幼若ホルモン**（juvenile hormone：JH）が欠如することにより，卵細胞での卵黄形成が停止している．1970年代以降，JHをターゲットとし，オオカバマダラの「渡り」個体と夏個体の比較解析実験から，JHの欠如が，「渡り」個体を生殖休眠の状態にすること，「渡り」個体の寿命を延ばすこと，そして「渡り」の燃料である脂質を体内に蓄積する代謝変化を起こすことが明らかとなった[3-10, 3-11]．

オオカバマダラのドラフトゲノム解析により，夏個体と比較し，「渡り」個体において**インスリン様ペプチド**（insulin-like peptide：ILP），とくにILP-Iが減少すること，ILP-Iがオオカバマダラのインスリンシグナル経路に関与する主要なペプチドで，かつJH生合成を最終的に調節している分子であることが示唆された[3-11]．さらに，「渡り」個体のILPの減少によるフォークヘッド遺伝子の抑制解除が，JHの欠如を誘導することにより長寿命をもたらすと考えられた[3-11]．また，昆虫のJH生合成経路に関与するとされるほとんどの酵素群は，オオカバマダラのゲノム中にも見いだされた．興味深いことに，JH生合成経路の酵素群の遺伝子発現レベルを「渡り」個体と夏個体で比較した結果，雄ではJH生合成経路の遺伝子発現量が「渡り」個体では夏個体より低く，JHレベルが低く保たれるが，雌ではそのような変化はなく，むしろJHの代謝回転を高めてJHレベルを低くしていることが示唆された[3-6]．

さて，3.1節で述べたように，昆虫の長距離飛行を支える主要なエネルギー源は脂質である．脂質代謝の調節に重要なホルモンであるAKHはオオカバマダラでどう機能しているのであろうか．野外から採集された「渡り」個体（つまり生殖休眠個体）にトノサマバッタのAKHを注射すると，AKHの投与濃度依存的に成虫の体液中の脂質濃度が上昇した[3-12]．その後，オオカバ

マダラのAKHは，バッタのAKHとは異なり，移動性を示すヒメアカタテハ（*Vanessa cardui*）において初めて見いだされた，アミド化されていないVanca-AKH（pQLTFTSSWGGK）と同じ構造であることがわかった[3-13]．間接的な証拠ではあるが，オオカバマダラにおいてもAKHが積極的に体内で脂質を動員していることを示唆している．

最新のゲノム解析により，「渡り」を支えるであろうことが示唆される分子の候補が，ホルモンのみならず数多く挙がってきている[3-5, 3-6]．一方では，メキシコにおける越冬コロニー数とその構成集団の個体数の減少を危惧する報告もある[3-14]．壮大なオオカバマダラの「渡り」が絶えることなく，そして，4,000 kmともいわれる「渡り」を成功に導くシステムの全容解明に向け，今後もさまざまな視点から解析を進めていく必要がある．

3.5 チョウの季節適応とホルモン

ある動物の「渡り」の目的は，**越冬**，**摂餌**あるいは**繁殖**などのための移動であると考えられる．「渡り」は，個体の生理的な状態を季節変化に適応させるための行動の1つと言える．この節では，渡りとは直接的な関係はないが，チョウの季節適応に関するホルモンのしくみを述べる．

年に2回以上発生するある種のチョウでは，出現する季節（時期）の違いにより，幼虫，蛹，あるいは成虫の段階で形態が異なる場合がある．このような変化を**季節型**という．たいていの人は，同じ種のチョウが春と夏に飛んでいても，捕まえて季節ごとに成虫の翅を見比べることがなければ，その色彩変化や翅の形態的な変化に気づかないであろう．そして，同じチョウであっても，季節によってまったく異なる色彩を示すものは，別のチョウが飛んでいると思うほどである．

タテハチョウ科のキタテハ（*Polygonia c-aureum*）（成虫で越冬する種）とサカハチチョウ（*Araschnia burejana*）（蛹で越冬する種）には，季節により，それぞれ別種と思えるほどに翅の色彩を異にする多型がある（口絵Ⅵ-3章②）．

キタテハの幼虫は長日・高温条件下で育つと長日蛹となり，羽化した成虫

3.5 チョウの季節適応とホルモン

（夏型成虫）の翅は黄色となる．一方，短日・低温条件下で育つと短日蛹となるが，休眠することなく発生が進み，羽化した成虫（秋型成虫）の翅は褐色となる．この秋型成虫は，卵巣を発達させることなく成虫形態で越冬する．本種の季節型の発現に関与するホルモンは，脳で産生される**夏型ホルモン**である．蛹の初期に，脳－側心体から夏型ホルモンが体液中に分泌されると夏型成虫が出現し，夏型ホルモンが分泌されず，成虫化発生を促す**エクジステロイド**のみが分泌されると秋型成虫が出現する（図 3.6A）．夏型成虫は羽化後すぐに卵巣成熟が始まり，配偶行動を示すが，秋型成虫は羽化後に卵巣が成熟せず，配偶行動も示さない．外見の色彩の違いがそれぞれの成虫の生理的状態を示し，無駄のない繁殖戦略を表している．冬の暖かい日に，秋型成虫を河川敷の枯れた草原や土手の周辺で見かけるが，周囲の環境に見事に溶け込み，褐色への色彩変化は，保護色としても効果があると考えられる．

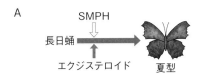

図 3.6 キタテハ（A）およびサカハチチョウ（B）の季節型発現のしくみ
A：キタテハは，幼虫期に日長の長さの違いを感受し，蛹初期における夏型ホルモン分泌の有無が制御される．B：サカハチチョウは，幼虫期の日長条件に関わらず，蛹初期に必ず夏型ホルモン（SMPH : summer-morph-producing hormone）活性物質を分泌する．成虫化発生を促すエクジステロイドが分泌されるときに夏型ホルモン活性物質が体液中に共存しているかどうかで季節型の発現が調節されていると考えられる．

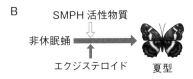

一方，サカハチチョウは年に2回あるいは3回の発生をし，春に越冬休眠蛹から羽化してきた春型成虫の翅の色彩はオレンジ色を呈する．この春型成虫が産卵した卵から孵化した幼虫は非休眠蛹となり休眠することなく成虫化発生し，黒色の色彩をもつ夏型成虫となる．これまで，サカハチチョウ成虫の季節型の発現調節は，成虫化発生のために必要なエクジステロイドが，蛹になってすぐに分泌されると黒色の夏型に，休眠蛹となって半年後に分泌されるとオレンジ色の春型になると考えられてきた．つまり，キタテハで見つかったような夏型ホルモンはサカハチチョウにはないとされてきた．ところが，夏型ホルモンあるいは夏型ホルモン活性を示す物質（夏型ホルモン活性物質）は，季節型のあるキタテハやナミアゲハ（*Papilio xuthus*）以外のチョウにも存在する．たとえば，季節型をもたず，年に1回しか発生しないヒオドシチョウ（*Nymphalis xanthomelas*）の脳抽出液をキタテハの短日蛹に注射すると，羽化した成虫の翅が本来の褐色から黄色となった[3-15]．ヒオドシチョウの脳内にも夏型ホルモン活性物質が存在するのである．

そこで，サカハチチョウにも夏型ホルモン活性物質が存在し，季節型の調節に関与しているかどうかを調べた．非休眠蛹と越冬休眠蛹の2つの蛹を尾部同士で結合した結果，非休眠蛹からは黒色の夏型成虫が，一方，本来ならばオレンジ色の春型成虫が出るはずの越冬休眠蛹からも，黒色の夏型成虫が羽化した．さらに，非休眠蛹の脳を蛹化後10分以内に除去すると，羽化してきた成虫の翅にオレンジ色の色彩を呈する個体が現れた．つまり，成虫化発生を促すエクジステロイド以外に，サカハチチョウの脳には，翅の夏型化を促すホルモン，すなわち夏型ホルモンあるいは夏型ホルモン活性物質が存在しなければならない．

サカハチチョウでは，キタテハとは異なり，休眠しない非休眠蛹であろうと，越冬休眠に入る休眠蛹であろうと，蛹になるとすぐに脳から夏型ホルモン活性物質が分泌される．それと同時期に成虫化発生を促すエクジステロイドが体液中に分泌されていると，翅は夏型の黒色になる．一方，休眠蛹の場合，蛹化後に分泌された夏型ホルモン活性物質は，半年に及ぶ長い休眠の間にタンパク質分解酵素等によって分解されてしまい，休眠覚醒のシグナルを

脳が感受してエクジステロイドが分泌される段階で機能しないため，オレンジ色の春型が出現するのであろう[3-16]（図 3.6B）．夏型ホルモンはチョウの翅の季節型を決める重要なペプチドホルモンであるが，その一次構造はいまだに解明されていない．

　チョウ類の表現型多型に作用するホルモンは夏型ホルモンだけではない．蛹体色を調節するホルモンも存在する．チョウの季節適応のしくみを理解する上でのチョウ類に特異的なホルモンの解析は，行動による季節適応である渡りの内分泌機構の解明にとっても重要性を増していくものと考えられる．

コラム 3.1
ナミアゲハの蛹をオレンジ色にするホルモンの発見

　本章のはじめに登場した，長距離飛行の代名詞ともいうべきトノサマバッタやサバクトビバッタの成虫の体色には，緑色型と黒褐色型の 2 つがある．幼虫の時代を低密度の環境で生育すると孤独相と呼ばれる単独生活をする緑色型の成虫になるが，高密度で生育すると黒褐色型の体色を持ち群生相と呼ばれる形態となる．長距離飛行をする成虫は後者であり，その体色を黒褐色にするホルモンは，11 個のアミノ酸残基からなるペプチドホルモンで，[His7]コラゾニンと同定された．最近の研究では，高密度環境下にある幼虫のコラゾニン遺伝子をノックアウトすると，成虫の体色の黒色化度が抑えられ，成虫の形態も孤独相の形態に近いものとなることがわかってきた[3-17]．現段階ではコラゾニンが「渡り」の直接的なホルモンであるかは不明であるが，間接的には，長距離飛行に有利に働く形態的な変化をもたらすホルモンであることが証明されつつある．今後の研究の進展を期待するところである．

　一方，筆者らは，3.5 節で述べた夏型ホルモンの他に，チョウの蛹の体色変化を誘導するホルモンの研究を進めている．アゲハチョウ類やモンシロチョウ（*Pieris rapae*）の蛹の体色は，周囲の環境や季節に応じて変化することはご存知であろう．ナミアゲハの蛹には非休眠蛹と休眠蛹がある．孵化

した幼虫を長日条件下で飼育すると非休眠蛹に，一方，短日条件下で飼育すると休眠蛹となる．非休眠蛹の体色には，緑色型と褐色型の2つが，休眠蛹には休眠緑色型，褐色－オレンジ色型とオレンジ色型の3つが存在する（口絵Ⅵ-3章③）．非休眠蛹の体色は，長日老熟幼虫を粗面（段ボール）で蛹化させると褐色型に，滑面（プラスチック）では緑色型になる．緑色型が元々の蛹の体色であり，褐色型は，脳-食道下神経節-前胸神経節連合体に存在する蛹表皮褐色化ホルモンが，前蛹期の後半に体液中に分泌されることによって生じる．蛹表皮褐色化ホルモン活性の検定は次のように行う．長日老熟幼虫を褐色蛹となる条件下に置き，前蛹期の初期に胸腹部間を糸で結紮し，その結紮腹部に脳-食道下神経節-前胸神経節連合体から調製した抽出液を注射する．抽出液にホルモン活性があれば，結紮腹部の蛹の体色は褐色に変化し，活性がなければ蛹の体色は緑色となる．

　同様に，オレンジ色を誘導する内分泌因子の活性を検出するためには，オレンジ色型の蛹を高率で出現させる環境条件が必要であった．非休眠蛹と同じ環境条件で試みたが，短日幼虫を滑面や粗面で蛹化させても，必ず3つの型が出現し，ある1つの型を高率で出現させる環境条件が見つからなかった．ある日，飼育容器の蓋の下にキッチンペーパーを挟んで短日幼虫を飼育した時，このキッチンペーパーの上で蛹になった個体のほぼすべてがオレンジ色になった．この条件下においた短日前蛹の結紮腹部に，長日および短日幼虫の脳-食道下神経節-前胸神経節連合体の抽出液（蛹表皮褐色化ホルモンを含む）をそれぞれ注射すると，結紮腹部の蛹はいずれも褐色で，何度繰り返しても，オレンジ色にはならなかった．

　幼虫からの脳-食道下神経節-前胸神経節連合体の摘出は少々手間がかかる．前方3つの部位のみの摘出だけでは幼虫に申し訳ないと思い，中・後胸神経節-腹部神経節連合体も摘出し保存しておいた．この短日幼虫の後半部分の連合体から抽出液を調製し，褐色条件下の長日前蛹とオレンジ色条件下の短日前蛹の結紮腹部に投与してみると，期待とは裏腹に，長日前蛹の結紮腹部は褐色の蛹になっていた．短日前蛹の腹部も褐色か，と表皮をはがしたところ，見事なオレンジ色の蛹の腹部が現れた．休眠蛹のオレンジ色型の蛹を誘導する因子が，中・後胸神経節-腹部神経節連合体に存在したのである．この因子は，非休眠蛹で褐色型になると運命づけられた個体には褐色を

誘導し，休眠蛹でオレンジ色型になると運命づけられた個体にはオレンジ色を誘導する[3-18]．オレンジ色の色素はパピリオエリスリンであり，その合成系は，オレンジ色の休眠蛹になると運命づけられた個体のみで発現すると考えられている．おそらく，オレンジ色型の蛹を誘導する因子は，その系の発現調節機構の上流を調節するホルモンであると示唆される．ナミアゲハの蛹の体色が，緑色・褐色・オレンジ色の3色に変化する性質があったからこそ，2種類のホルモン（蛹表皮褐色化ホルモンとオレンジ色型の蛹を誘導する因子）が存在することがわかったのである．

3章 参考書

茅野春雄（2000）『昆虫の謎を追う』学会出版センター．

藤崎憲治・田中誠二 編（2004）『飛ぶ昆虫，飛ばない昆虫の謎』東海大学出版会．

本田計一・加藤義臣 編（2005）『チョウの生物学』東京大学出版会．

Nijhout, H. F. (1994) "Insect Hormone" Princeton University Press, New Jersey.

大西英爾ら 編（1990）『昆虫生理学』朝倉書店．

白水 隆（2006）『日本産蝶類標準図鑑』学習研究社．

3章 引用文献

3-1) Oudejans, R. C. H. M. *et al.* (1991) Eur. J. Biochem., **195**: 351-359.

3-2) 大西 剛（2012）愛媛県総合科学博物館研究報告，**17**: 55-61.

3-3) Cheng, W. W. *et al.* (2015) Bull. Osaka Mus., **69**: 25-28.

3-4) 本田計一・本田保之（2007）昆虫と自然，**42**: 15-18.

3-5) Zhan, S. *et al.* (2014) Nature, **514**: 317-321.

3-6) Zhan, S. *et al.* (2011) Cell, **147**: 1171-1185.

3-7) Merlin, C. *et al.* (2009) Science, **325**: 1700-1704.

3-8) Guerra, P. A. *et al.* (2014) Nat. Commun., **5**: 4164.

3-9) Guerra, P. A., Reppert, S. M. (2015) Curr. Opin. Neurobiol., **34**: 20-28.

3-10) Herman, W. S. (1975) Gen. Comp. Endocrinol., **26**: 534-540.

3-11) Herman, W. S., Tatar, M. (2001) Proc. R. Soc. Lond. B, **268**: 2509-2514.

3-12) Dallmann, S. H. *et al.* (1981) Gen. Comp. Endocrinol., **43**: 256-258.

3-13) Köllisch, G. V. *et al.* (2003) Comp. Biochem. Physiol. A, **135**: 303-308.

3-14) Vidal, O., Rendón-Salinas, E. (2014) Biol. Conserv., **180**: 165-175.

3-15) Tanaka, A. *et al.* (2009) Insect Sci., **16**: 125-130.

3-16) Yamashita, K. *et al.* (2014) J. Exp. Zool., **321A**: 276-282.

3-17) Sugahara, R. *et al.* (2015) J. Insect Physiol., **79**: 80-87.

3-18) Yamanaka, A. *et al.* (2004) Zool. Sci., **21**: 1049-1055.

4. アユの両側回遊

矢田　崇・安房田智司・井口恵一朗

　サケやウナギの回遊は，私たちの暮らす場所のすぐ近くを流れる身近な川と，砂浜から望む果てしなく続く大海原とのイメージのギャップも相まって，大きな話題性をもつ研究分野の1つである．調査船を駆ってベーリング海のサケやマリアナ海溝のウナギを探し求めるのは，魚類研究分野のいわゆるビッグサイエンスに相当しよう．一方で，比較的近海に限った回遊においても，未知の部分が数多く残されている．本章で取り上げているアユについても，海洋生活期のすべてが明らかにされているわけではない．秋に川を流下した孵化仔魚が河口域から分散した後，翌年に稚魚として再び沿岸域に現れるまでの間，どこで過ごしているかについては，いまだに不明な点が多い．

4.1　回遊の生活史と浸透圧調節

　シロザケ（*Oncorhynchus keta*）とニホンウナギ（*Anguilla japonica*），アユ（*Plecoglossus altivelis altivelis*）を比較すると，ちょうど溯河回遊，降河回遊そして両側回遊について，日本における代表的な魚種に相当することに気づかされる．図4.1は，これらの回遊様式を模式的に表している．しかし，川と海という異なる塩濃度の環境を行き来するという「通し回遊」の特徴について，生理学的な面からどれだけ明らかにされたかを考えてみると，世界中で用いられている研究材料であるサケやウナギの仲間に対して，日本を中心とした東アジアに分布域が限られているアユでは，知見は限られている．

　サケの溯河回遊とウナギの降河回遊では，産卵のために生まれ故郷に帰ることが目的とされる．すなわち繁殖のための回遊であり，実際に性成熟の進行と深く関わることが明らかにされている．また生まれた場所から主要な生息環境へ，サケでは海へ，ウナギでは川へと移動するときには，それが発生

4章　アユの両側回遊

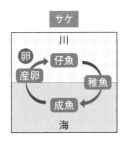
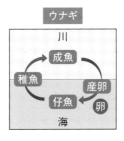
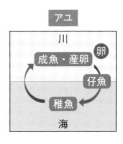

図4.1　サケとウナギ，アユの回遊の生活史
サケは産卵のために川を上る遡河回遊，ウナギは逆に海へと下る降河回遊，アユは稚魚のうちに産卵とは関係なく行き来をする両側回遊である（5章参照）．

初期である場合でも，自発的に移動する傾向が強く認められる．一方，アユを含め両側回遊魚の場合は，川で産み付けられた卵から孵化後すぐに海に降りるものが多く，当然，性的に未成熟であり，また自発的な移動というよりも，遊泳能力の低さから下流に流されてしまうと言えよう．このような状態で，どうやって海で生きていけるのだろうか．

生物体内の浸透圧，すなわち浸透圧を決定するイオンや有機分子などの濃度を一定に保つ働きは**浸透圧調節**と言われる．それは，生物体内の浸透濃度を，淡水中で環境水より高く保つ**高浸透調節**と，逆に海水中でより低く保つ**低浸透調節**とに分けられる．通し回遊では，この2種類の浸透圧調節をスムーズに切り替え，新しい環境にすばやく適応することが重要となる．とくに海水から入ってきてしまう余分なイオンの排出は，成魚ではその役割に適した器官である鰓の**塩類細胞**と呼ばれる特殊に分化した細胞において行われている．塩類細胞はミトコンドリアを多数もつことが特徴とされ，そこで生産されるエネルギーを使い，濃度勾配に逆らってイオンを能動的に体内から体外に輸送している．

鰓が十分に発達していない仔魚期には，呼吸はおもに皮膚呼吸で行われているが，浸透圧調節も皮膚や卵黄膜に分布している塩類細胞で行われている．発生初期の浸透圧調節の研究は，卵でも塩分濃度の変化の影響を受ける場合があるさまざまな魚種で進められている．とくに卵が大きいサケは，発眼卵の胚体においても血液を採取することが可能であり，海水中においても，皮

膚や卵黄膜の塩類細胞が十分に機能して血液の浸透圧を一定に保てることが明らかにされている．アユの場合は卵・仔魚ともに小さいため，採血することはできないが，塩類細胞の形態学的な解析によって，孵化の当日には皮膚に塩類細胞があり，実験的に飼育環境水を海水に変えると，それに応じて細胞数が増えることが報告されている．しかし一方で，アユ仔魚を淡水から海水に直接移すよりも，希釈した海水に移した方が，より生残率が高いことも知られている．

　これらの知見から，アユの孵化仔魚は海へ行く準備を開始しているが，外洋の高い塩濃度にいきなり適応する能力は備えていないと考えられる．沿岸域での流下仔魚の分布が，河川水によって塩濃度が低くなっている塩分躍層近辺に見られることは，生理学の解析結果とも良く一致している．では孵化後間もない仔魚で，イオンを保持し水を排出するという淡水中での高浸透調節から，逆にイオンを排出し水を保持するという海水中での低浸透調節への切り替えにはどのような生理機構が働いているのであろうか．

4.2　プロラクチンの機能と構造

　発生初期の体内の化学情報伝達機構，とくに浸透圧調節に重要なホルモンについて，どの時期から産生が始まるかについての研究は，通し回遊魚だけでなく，完全に淡水へは移動しないが，塩濃度が変化する沿岸域に生息する海水魚においても進められている．それらの研究の中で注目されているのが，下垂体で産生・分泌されるタンパク質ホルモンの1つ，**プロラクチン**（PRL）がもつ浸透圧調節作用である．PRLは，幅広い塩濃度に対応できる広塩性魚類において，細胞膜のイオン透過性を減少させ，Na^+などのイオンを体内に保持させることで，淡水中での体液浸透圧を高く保つ働きをもつ．しかしこの働きは海水中では逆に，イオンの排出を阻害することになってしまう．

　アユを用いた実験では，海水中の稚魚にシロザケから精製されたPRLを腹腔内投与すると，血液中のNa^+濃度が上昇してしまい，浸透圧調節がうまくいかなくなることが示されている[4-1]．また，シロザケPRLに対する抗体を用いた免疫組織染色により，孵化前日の胚体の下垂体に少数ではあるが

すでに PRL 産生細胞があることが明らかにされている[4-2]．これらの知見は，孵化前後のアユにおいても淡水中での浸透圧調節に PRL が必要なことを示唆しているが，一方で，流下して海水に入ったときには，PRL が反対に命取りとなることも示している．

シロザケのように，PRL の精製品やその抗体が利用可能な場合には，ラジオイムノアッセイ法などによって，PRL 分泌の動態を定量的に解析することができる．海水中のシロザケでは，PRL の血中濃度が著しく低下することが明らかにされている．しかしアユでは PRL の精製品はなく，また PRL 濃度の測定に十分な量の血液を孵化仔魚から採取することも事実上不可能である．一方，遺伝子解析で得られた塩基配列をもとに，下垂体における PRL 遺伝子の発現量の変化を解析することは可能である．もし PRL が本当に致死的な影響をもつのであれば，血液中の濃度と同様に，*prl* mRNA 量も変化することが期待できる．そこでまず，アユの *prl* 遺伝子の配列を解読することにした．

アユ PRL 前駆体をコードする mRNA は 1097 塩基からなり，それから 187 アミノ酸残基の PRL が生成される[4-3]．アユ PRL には 4 つのシステイン残基があるので，ジスルフィド結合により魚類の PRL に特有の 2 つのループ構造をもつことが推定される．その近辺の配列は既知のすべての PRL に保存されている領域であり，浸透圧調節作用を含む PRL の機能に深く関わっていると考えられている．**図 4.2** に，アユと他の魚類の PRL について，アミノ酸配列をもとに作成した分子系統樹を示す．アユの PRL が他の魚種と比較して，サケやコレゴヌス属の一種（*Coregonus maraena*）に近いことがわかる．またアユでは，**成長ホルモン**（GH）の遺伝子塩基配列も明らかにされている．GH は PRL と同じ祖先分子から分岐したホルモンで，*prl* 遺伝子と塩基配列の高い相同性があるが，今回得られた PRL の配列は，系統解析の上では明らかに GH とは異なるグループに属し，間違いなく魚類 PRL の特徴を示すものであった（図 4.2）．

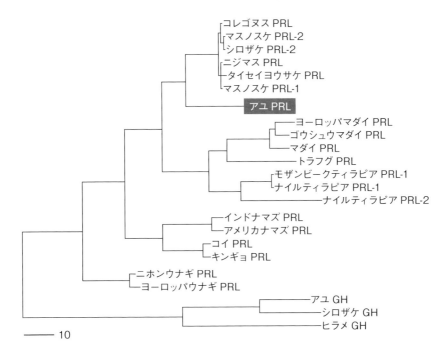

図 4.2　魚類プロラクチン（PRL）のアミノ酸配列による分子系統樹
横線の長さが，アミノ酸の置換回数を表す．本系統樹は，東京大学大気海洋研究所の兵藤 晋准教授の協力の下に作成した．

4.3　アユ仔魚のプロラクチン遺伝子の発現動態

　得られたアユ *prl* cDNA の塩基配列をもとに，特異的なプライマーとそれに挟まれた領域の蛍光プローブを設計し，またこれらの配列を含む cDNA 断片を標準物質として使用して，定量リアルタイム PCR（qPCR）法によるアユ *prl* mRNA 量の測定系をつくった．アユの孵化仔魚は体重 1 mg にも満たないが，RNA を抽出し，逆転写により cDNA を作製，これを鋳型として qPCR 法により特定の塩基配列のみを増幅することで，試料中の *prl* mRNA の絶対量を算出することが可能である．

　試料を扱う際に最も重要なのは，RNA の分解を避けることである．従来

は採取直後に液体窒素で即時冷凍する必要があった．つまり野外で採捕した魚における遺伝子の発現量を調べるためには，液体窒素の入った保冷ジャーをサンプリングの現場まで，アユの場合ならば河原の藪に分け入って運び込む必要がある．また凍結したサンプルを実験室にもち帰るために，ドライアイスを用意する必要もあった．このような事情から，野外で採捕した試料で信頼のおける遺伝子発現のデータを出すことは，これまでは難しかった．しかし現在では，扱いやすい試料保存用の試薬やRNAを分解する酵素の阻害剤が入手できるようになり，氷冷程度の保冷ができれば，効率良く試料の処理と運搬が可能である．このような方法を用いて，野外や増養殖の現場でアユ仔魚のサンプリングを実施し，*prl* 遺伝子の発現動態を解析した[4-3]．

アユ流下仔魚がまだ川にいる間と海へ入った後での *prl* mRNA量の変化を，山形県・鼠ヶ関川とその湾内で調べた．*prl* mRNA量は，湾内では約10分の1程度にまで大きく低下していた（図4.3左）．この現象を実験下で確認するため，孵化当日の仔魚を淡水から海水へと移し，24時間馴致させた後に下垂体を採取して *prl* mRNA量を測定したところ，淡水から同じく淡水へと移動させた対照群と比較して，淡水から海水に馴致した群では，天然の

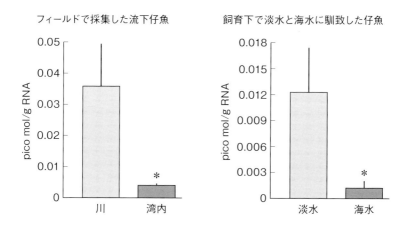

図4.3　フィールドと飼育下のアユ仔魚の *prl* mRNA量の変化
バーは標準誤差，＊は統計的な有意差があることを示す（$P < 0.05$）．
（引用文献4-3を改変）

4.3 アユ仔魚のプロラクチン遺伝子の発現動態

流下仔魚の場合と同様に，非常に低い値であった（図4.3右）．これらの結果は，孵化して間もないアユ仔魚において，天然および実験下において海水に入ると，高浸透調節作用のあるPRLの遺伝子発現を大きく抑制する機構が働くことを示している．逆説的ではあるが，いずれ海に入れば抑制しなければならない遺伝子を，川にいるわずかな間でも発現させておかなければならないことは，淡水生活期におけるPRLの重要性をうかがわせる現象である．

　上述の*prl*遺伝子の発現量低下は，川の流れや人の手によって，どちらもアユ自身の意に添わず海水に入ってしまった結果である．これに対して，海水層の上に淡水層を乗せた塩分躍層をつくり，塩分濃度に対する嗜好性に従い自発的に移動できるようにして，*prl* mRNA量の変化を調べた．仔魚は孵化後3日間は淡水層に留まり，*prl*遺伝子の発現量も高い値を示していたが，10～20日後に塩分躍層近辺へ移動するのにともなって，*prl*遺伝子の発現量は急激に低下した（図4.4）．発現量の低下は，完全に海水層へ移動して

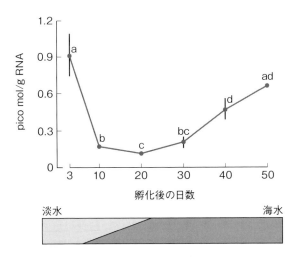

図4.4　塩分躍層飼育下のアユ仔魚の*prl* mRNA量の変化
　自発的に移動できる塩分の層をつくり，*prl* mRNA量の変化を調べた．最初の3日間は淡水層に留まるが，10～20日後に塩分躍層近辺へ移動，30日後には完全に海水層に留まるようになった．バーは標準誤差を示す．異なるアルファベット間には統計的な有意差があることを示す（$P < 0.05$）．（引用文献4-3を改変）

からも継続して観察された．強制的な海水への移動は，魚にとって大きなストレスであろうが，このような自発的な移動では，少なくともストレスは感じていないであろう．この実験でも淡水層から海水層へ直接は移動せず，塩分躍層近辺で過ごす期間が観察されることは，前述の沿岸域での流下仔魚の分布に関する知見ともよく一致している．流下仔魚の場合，文字通り流されて海に入るので，PRLの遺伝子発現を低下させて海への準備をしてから移動するのではなく，他魚種での観察同様に，環境水の塩濃度の上昇に反応した調節が起こると考えられる．

なお，海水層に移動した後50日目頃には，*prl* mRNA量が緩やかに上昇していったが，これは正常な発育にともなって下垂体の組織も発達し，プロラクチン産生細胞の数が増えることによると考えられる．海水中の個体の *prl* mRNAから，果たしてどれだけのPRLがタンパク質として翻訳され，血液中に分泌されているのかについては，残念ながらアユでは知見がない．他魚種における報告や，アユにPRLを投与した結果を考え合わせると，おそらく命取りとなるような濃度のPRLを血液中に分泌していることは考えにくい．ではなぜ海水生活期にあるアユにおいて，*prl* 遺伝子の発現が起きるのであろうか．

4.4 溯上の開始とプロラクチン

PRLの生理作用として，ここまで浸透圧調節作用，とくに海水への適応を阻害してしまう面について取り上げてきた．しかし脊椎動物全般を見渡してみると，表4.1に示すように，PRLはじつに多様な作用をもつホルモンであることがわかる[4-9]．なかでも注目したいのが，今の居場所を離れて，別の場所への「**移動**」を促す作用である．たとえば，鳥類で夜間の運動量が増加する**渡り**の衝動や，イモリなど有尾両生類で陸上から池などへ移動する**入水衝動**（water drive）が，PRLの投与によって引き起こされることが挙げられる．魚類では，残念ながら投与実験の事例は乏しいが，**溯上**前に海中で捕獲されたサケにおいて，*prl* 遺伝子の発現量が高い個体が観察されている[4-5]．来るべき淡水生活に備えて，すぐに分泌できるように準備しているとも解釈でき

4.4 溯上の開始とプロラクチン

表 4.1 プロラクチンの多様な作用

浸透圧調節に関連した作用	ナトリウムの排出抑制（本章）
	カルシウム代謝の促進
	副腎皮質の刺激
行動に関連した作用	渡りの衝動（7 章）
	water drive（6 章）
	保育行動の発達
生殖に関連した作用	乳腺の発達と乳汁分泌（8 章）
	黄体の刺激（8 章）
	二次性徴の発達
	精子形成の促進
	生殖腺刺激ホルモン分泌の抑制（8 章）
成長・発達に関連した作用	変態の抑制
	脱皮の促進
	毛髪の成長
	腎組織の成長
免疫に関連した作用	血球増殖の促進
	貪食能の促進
	細胞死の抑制

るが，四肢動物の例から考えると，逆に PRL が溯上行動の引き金になっている可能性もある．

　立ち戻って考えると，サケの溯河回遊は産卵と不可分な現象であり，その引き金は性成熟の開始であると考えて良いであろう．これに対して両側回遊のアユの場合，孵化直後の海への移動はもとより，一冬を海で過ごした後の溯上においても，性成熟の影響は少ないと考えるのが妥当であろう．もちろん例外もあり，琵琶湖産アユのように湖での生活期間が長く，繁殖にともなって溯上する個体群が存在することが知られている．しかし，一般的な海で成長するアユでは，溯上行動の開始を繁殖そのものと分けて考えることができるのではないだろうか．

　このような前提のもと，冬から春にかけて，山形県の最上川河口付近，酒田北港で採集したアユにおいて，*prl* mRNA 量の変動を解析した．まず溯上

4章　アユの両側回遊

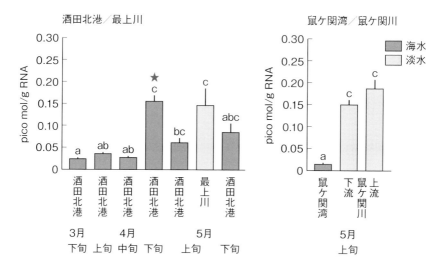

図4.5　アユ溯上稚魚の *prl* mRNA 量の変化
星印の群では，海水中にいるのに淡水中と同程度の高い値を示した．バーは標準誤差を示す．異なるアルファベット間には統計的な有意差があることを示す（$P < 0.05$）．（引用文献 4-5 を改変）

　前の冬期には，*prl* mRNA 量は，当然のことながら低い値で推移していた（図4.5左）[4-5)]．引き続き溯上の前後の時期まで観察すると，春先の溯上期直前，まだ海にいる段階のアユで，*prl* 遺伝子の発現量が明らかに高くなった（図中星印）．その後，川に溯上した稚魚では，ちょうど流下仔魚の逆をなぞるように，*prl* mRNA 量は高い値を示していた（図4.5右）．流下仔魚を観察したのと同じ鼠ヶ関でも，溯上期の湾内海水域と川の下流・上流で溯上中の稚魚について調べると，海水から淡水に入ることで，*prl* 遺伝子の発現量は著しく増加した．一方，酒田北港でさらに観察を続けると，溯上のピークを越えた時期にまだ海にいる稚アユでは，*prl* 遺伝子の発現のピークも越えたのか，再び低い値を示していた．

　川に入ってから *prl* 遺伝子の発現が高まることは，いわゆる淡水適応ホルモンとして十分にうなずける現象である．しかし同時に海水適応を阻害する作用ももつ PRL が，一過性とは言え溯上の前に，海水中で増えるのはな

ぜだろうか．果たして稚アユは，PRL 発現による海水適応の阻害によって，川へと急かされて帰って行くのであろうか．

もちろん，PRL だけでアユの両側回遊が調節されているわけではなく，行動を起こす前には，成長や栄養代謝を促進するホルモンが身体の準備に必要であるし，行動開始に直結するシグナルは，中枢神経とそこで働く生理活性物質によりすばやく情報伝達されるはずである．そのような中でも PRL の作用は，環境水の塩濃度に合わせて浸透圧を一定に保つという，生理機構において最も重要なものの 1 つである．アユの特性を活かして，さらに両側回遊の制御機構の解明が進むことを期待している．

4.5　定着後のなわばり形成とホルモン

河川に進入したアユの稚魚の口の中では，大きな変化が起きる．すなわち，これまでプランクトンや流下物を食べるのに使ってきた円錐歯が脱落し，ヤスリのような形をした櫛状歯（しつじょうし）に生え替わる．そして，河川の中流域に到達した個体では，新しい歯を使って河床の石の表面に付着した藻類を専食するようになる．ではどうして，アユはわざわざ中流域まで溯らなければならないのか．河口に近いところでは，川底に堆積した砂泥が付着藻類の生育を妨げてしまう．つまり，下流域に留まっていたのでは，特殊な歯を使った藻類食を実践することができないからなのである．このように，中流域での定住生活は，歯の形態ならびに食性の変化に対応した現象であると理解される．

水生昆虫や小魚と違って，石の表面に付着した藻類は動き回ることがない．そのため，他個体の接近を力ずくで排除することにより，一定空間に繁茂する付着藻類を独占的に利用することができる．これが，アユの**摂餌（せつじ）なわばり**で，同様に付着藻類を専食するタンガニイカ湖産カワスズメ科魚類，そして海に棲むスズメダイ科魚類などでも知られる．このような摂餌なわばりは，定住生活に入った個体の間に社会的格差をつくる．競争に弱い小型の個体はなわばりを維持することができないため，群れ生活を送る場合が多い[4-6]．

なわばりの大きさは，なわばり経営にかかるコストと利益の兼ね合いによって決まる．利益は藻類の排他的利用を通じた優れた成長であり，コスト

には侵入者撃退にともなう時間的コストや負傷のリスクが含まれる．予測の通り，個体数密度が高くなるにつれて，なわばりサイズは小さくなり，なわばり個体の成長速度は鈍化する傾向を示す．また，個体数密度に関わりなく，なわばり個体は非なわばり個体よりも，相対的に良好な成長を示す．なお，藻類の生産性の低い奄美大島の河川に棲むリュウキュウアユ（*P. altivelis ryukyuensis*）では，本州の河川に生息するアユよりもなわばりが大きく，単位時間当たりの「食む」回数が多いにも関わらず，本州のアユのように大きく成長できない[4-6]．このように，なわばり経営は，個体数密度だけでなく，その場所の餌環境にも大きく左右される．

自然選択は，より多くの子孫を残すうえで有利な形質，すなわち適応度の上昇に寄与する形質に対して作用すると考えられている．一般によく知られているなわばりは，いわゆる**繁殖なわばり**であり，配偶相手や営巣場所などが防衛の対象となる．こういった場合，繁殖に関わる行動であることから適応度をイメージすることは難しくない．一方，アユの摂餌なわばりは，性成熟前の成長期に限って発達する行動形質であり，繁殖活動とは重複しない．一年性の生活史をもつアユは，たとえ体長 10 cm の小型個体であっても 30 cm を越える大型個体であっても，日長変化の刺激を受けるといっせいに性成熟に突入する．卵や精子といった配偶子の数は，親の体サイズによって決まる．なわばりをもつ個体はもたない個体よりも大きく成長するので，繁殖時には，それだけ多くの配偶子を生産することができる．つまり，アユの摂餌なわばりは，盛んに成長する繁殖期前の行動で，繁殖成功に直結する進化の産物なのである．

摂餌なわばりをもつ個体は攻撃的で，侵入してくる同種他個体をとことんまで追い払う．また，なわばりをもつ個体は，なわばりをもたない（もてない）群れ個体に比べ，色彩も鮮やかで背鰭の伸張もともなう．つまり，なわばり行動にはホルモンが大きく関与していることは想像に難くない．しかし，前述の摂餌なわばりをもつカワスズメ科魚類やスズメダイでは繁殖なわばりと摂餌なわばりを同時に維持することが多く，ホルモンを繁殖と切り離して考えることが難しい．一方で，アユのなわばり行動の場合は繁殖活動とは重

4.5 定着後のなわばり形成とホルモン

複しないため，そのときに働いているホルモンは摂餌なわばりだけに関与していると考えられる．

そこで，水槽実験によりなわばり行動を観察し，多くの動物群で攻撃行動への関与が知られている**テストステロン**との関係を調べてみた．川の中でアユがなわばりをつくっているのと同じ時期に，水槽内に2個体のアユを投入すると，闘争が始まる（図4.6）．引き分けがないわけではないが，しばらくすると勝敗が決する．黄色みがかった明るい体色を呈した勝者は，くすんだ色合いの敗者を水槽の隅に追いやる．敗者のちょっとした動きが勝者による攻撃を誘発することから，なわばり疑似空間が形成されたと受け取れる．勝敗の行方は，一義的には体サイズに依存しており，大きい方が強い．

ところが，体サイズが近接し，体長格差が1%を切るような組み合わせでは，小さい方の勝率と大きい方の勝率が均衡し，体サイズルールが当てはまらなくなる．こうした状況にある勝者と敗者の双方から採血を行い，血中のテストステロン濃度を比べてみた．すると，性別に関わらず，テストステロ

図4.6 アユのなわばり行動を利用した闘争実験
なわばり形成期にアユ2個体を水槽に投入すると闘争が始まる．たいていは体サイズの大きい個体が勝ち，負けた個体は水槽の端に追いやられる．勝者は敗者よりもわずかながら血中テストステロン濃度が高いことがわかった．

ン濃度に有意な違いが検出され，勝者の平均が 1.6 ng/mL，敗者の値はその半分程度であった．未成熟期における性ステロイドホルモンの分泌レベルは，繁殖期のレベルと比べるときわめて低い．微量のテストステロンが，なわばり獲得の成否に影響を与えると言える．

4.6 アユのストレス反応とホルモン

美しい容姿もさることながら，食味も一級の川魚であるアユは，夏の清流を代表する魚の 1 つである．そのため夏には川の中流域がたくさんの釣り人で賑わう．釣りと言っても，他の釣法とは違う実にユニークな方法でアユを釣る．この釣り方は「友釣り」と呼ばれ，アユのなわばり行動という習性をうまく利用した方法である．友釣りでは仕掛けに生きた「おとりアユ」をつけて，なわばりに侵入させる．おとりアユの後ろには引っかけ針がついており，なわばりからおとりアユを追い払おうとしたアユがその針に引っかかるというしくみになっている．アユの友釣りの人気は根強く，日本全国の河川でアユの種苗放流が盛んに行われている．しかしながら，近年では種苗放流が漁獲成績に結びついていないようである．これらの原因は何であろうか？

その 1 つとして，河川環境の悪化が**ストレッサー**となり，アユが**ストレス状態**になって，なわばり行動にまで影響している可能性が考えられる．人工林の荒廃や農地開発による河川の濁りの常態化が日本では大きな問題となっていることから，濁水が実際にアユのストレッサーとなるのか実験的に検証した．濁水を作製するためには，カオリン（陶土）が有効である．そこで，アユを透明な井戸水のみの水槽に投入した群を対照群，一方，井戸水に 200 mg/L のカオリンを加えた水槽に投入した群を濁水実験群として，アユの投入から 3 時間後に採血を行い，脊椎動物のストレスの指標となる**コルチゾル**の血中濃度を測定した[4-7]．その結果，濁水実験群のアユのコルチゾル濃度は，対照群および実験前群に比べて有意に上昇した（**図 4.7**）．濁りはアユの生理的ストレスを上昇させるのである．ストレスを受けたアユは，免疫機能の低下を引き起こす可能性が指摘されており[4-8]，濁りが間接的にアユの免疫機能を低下させると考えられる．また，濁りの程度（カオリン 50 〜 500

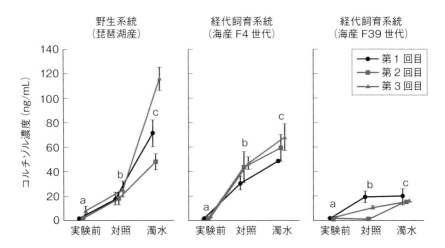

図 4.7 濁りとアユの血中コルチゾル濃度
　アユの血中コルチゾル濃度は，野生系統，継代飼育系統のF4世代，F39世代のいずれにおいても濁水実験群において上昇したが，F39世代は濁りに対するストレス応答が弱かった．平均値と標準誤差を示す．異なるアルファベット間には統計的な有意差があることを示す（$P < 0.05$）．（引用文献4-7を改変）

mg/L）と継続時間（3〜24時間）を変化させた実験を行うと，双方がコルチゾル濃度に関与している結果が得られており[4-9]，濁りの程度だけでなく継続時間もアユの生理状態に影響を与えることが示唆された．

　濁りによるストレス実験の供試魚には，野生系統および継代飼育系統（F4，F39世代）を用いたのだが，濁水がアユのストレッサーとなることがわかっただけでなく，さらに面白い発見があった．それは，近親交配の進んだ継代飼育系統F39世代は，同じ濁りというストレスを受けても野生系統に比べてコルチゾルの上昇の程度が低い，つまりストレスに対する応答が弱いことが明らかとなったのである（**図4.7**）[4-7]．おそらく飼育下においては，ストレスを受けやすい個体はそうでない個体よりも死亡率が高くなり，継代飼育を続けた結果，ストレス感受性の弱い個体が選抜されていったのであろう．ストレス感受性の弱い個体は飼育下では生存に有利かもしれないが，野生環境では適応的だとは言えないだろう．継代飼育のアユのストレス感受性の低下がなわばり行動にどのような影響を及ぼしているかは，現在のところわ

かっていない．今後，継代飼育がなわばり行動に与える影響をホルモンレベルでも調べていく必要があるだろう．

　性成熟の引き金が引かれると，摂餌なわばりは解消される．河川定着期のアユは，突発的な環境変化に対して，ストレス反応に基づいた行動をとる．濁水刺激を感受すると，下流方向に泳ぎ下るものの，忌(き)避行動は長続きすることなく，しばらくした後には元いた場所に復帰する．ところが，性成熟の進んだアユになると，濁水刺激に反応していっせいに川を下り，その後に溯上することはない．これが，産卵場を目指した降河移動となる．濁りによって生理的な反応を示すのはなわばりをもつ時期と同じであるのだが，性成熟によって体内のホルモンレベル（たとえば，テストステロンや**エストロゲン**などの性ステロイドホルモン濃度）が変化すると，濁りが引き起こす行動が違ってくるのである．その結果，中流域最下端の瀬に形成される産卵場は，一度に多数の成熟個体を迎えることになり，群産卵の準備が整う．産卵降河移動を同調させる働きを備えた環境刺激として，濁水のほかに，水温変化やpH変化などが考えられる．産卵場に集積した雌雄は，フェロモンを介した情報交換を通じて，放精放卵に向けた最終成熟に突入する．

4.7　まとめ

　本章では，両側回遊魚であるアユを材料に，回遊を調節している生理機構について紹介した．アユは日本を代表する川魚にも関わらず，サケやマスに比べて，回遊生理学の理解は進んでいないと言える．しかしながら，アユは回遊生態についてサケやマスと比べて興味深い一面を持ち合わせている．たとえば，淡水から海水，海水から淡水への移動はどちらも摂餌のためである．一方で，淡水内では中流から下流に向けて産卵のために降下する．つまり，回遊と一口に言っても，目的も異なるし，そのときに浸透圧変化をともなうかどうかも異なる．PRL，コルチゾル，テストステロンなど，摂餌，繁殖，ストレス，回遊などを司るホルモンを，生活史のそれぞれのタイミングでアユは上手く調節していることになる．また，アユは摂餌なわばりという回遊魚類ではあまり見られない独特の生態をもつ．一方で，摂餌なわばりをもた

ず（もてず）に群れになっている個体もいる．こういったなわばり行動も含め，アユの生活史を調節する生理機構の解明は，回遊の理解に大きく貢献できるに違いない．

コラム 4.1
アユの亜種リュウキュウアユ：亜熱帯域での回遊生態

アユにリュウキュウアユという亜種がいることを聞くと驚かれる方もいるかもしれない．アユの学名は *Plecoglossus altivelis altivelis*，リュウキュウアユは *P. altivelis ryukyuensis* で，名前の通り琉球列島固有の亜種である．もともと沖縄本島と奄美大島に分布が限られていたのに加え，河川改修や道路整備などで沖縄本島の自然個体群はすでに絶滅し，自然個体群は奄美大島に残るのみとなった．リュウキュウアユは「やじ」と呼ばれ，奄美島民には馴染みの川魚であるが，現在，絶滅が最も危惧される魚類の１つでもある．環境省により絶滅危惧ＩＡ類（CR）に指定されている．

亜熱帯域に適応したリュウキュウアユは，鱗の大きさや体型といった形態だけでなく，生活史といった生態もアユとは異なることが知られている（**図4.8**）．たとえば，アユは生まれてから一年で生涯を終える年魚であるが，琉

図 4.8　なわばり侵入時に鰭を目一杯広げて威嚇し合うリュウキュウアユ
　　アユに比べてややずんぐりむっくりの体型をしている．

球列島は日本本土に比べ水温が高い理由からか，リュウキュウアユには「越年(えつねん)」と呼ばれる，繁殖期後も生存し，一年以上川で生活している個体が少なからず出現する．また，回遊生態もアユとは異なり，海や汽水域で生活する期間が1〜2か月と，アユの5〜6か月に比べて非常に短い．本章で述べているように，溯上と降河はプロラクチンやコルチゾルなどのホルモンが関わっている．リュウキュウアユとアユでは，これらのホルモンの増減が起こるタイミングや量が異なることが回遊生態の違いから予測されるが，これまで調べられていない．また，越年アユに関しても，1年目や2年目の繁殖期に越年個体が繁殖に参加しているのかどうかは不明である．もちろん，繁殖にはホルモンが関わっているが，越年個体とそうでない個体でのホルモンレベルの違いもわかっていない．絶滅危惧種であることも配慮した上で，亜種間での回遊に関わるホルモン調節の違いを調べてみるのも面白いかもしれない．

4章 参考書

会田勝美・金子豊二 編（2013）『増補改訂版 魚類生理学の基礎』恒星社厚生閣.

Bentley, P. J. (1998) "Comparative Vertebrate Endocrinology, 3rd ed." Cambridge University Press, Cambridge.

井口恵一朗（1996）『魚類の繁殖戦略1』桑村哲生・中嶋康裕 共編，海游舎，p.42-77.

金子豊二（2015）『キンギョはなぜ海がきらいなのか？』恒星社厚生閣.

幸田正典（1993）『タンガニイカ湖の魚たち 多様性の謎を探る』川那部浩哉 監修，堀 道雄 編，平凡社，p.143-160.

Norris, D. O., Carr, J. A. (2013) "Vertebrate Endocrinology" Academic Press, New York.

高橋勇夫・東 健作（2006）『ここまでわかったアユの本』築地書館.

4章 引用文献

4-1) Hasewaga, S. *et al.* (1986) Gen. Comp. Endocrinol., **63**: 309-317.

4-2) Saga, T. *et al.* (1999) Anat. Embryol., **200**: 469-475.

4-3) Yada, T. *et al.* (2010) Gen. Comp. Endocrinol., **167**: 261-267.

4-4) Bern, H. A. (1983) Am. Zool., **23**: 663-671.

4-5) Yada, T. *et al*. (2014) Zool. Sci., **31**: 507-514.

4-6) Awata, S. *et al*. (2012) Ecol. Freshw. Fish, **21**: 1-11.

4-7) Awata, S. *et al*. (2011) Aquaculture, **314**: 115-121.

4-8) Iguchi, K. *et al*. (2003) Aquaculture, **220**: 515-523.

4-9) 安房田智司ら（2010）水産増殖, **58**: 425-427.

5. サケとクサフグの産卵回遊

安東宏徳

　サケやウナギなど外洋から川にかけて回遊する魚は，大きく異なる浸透圧環境に適応しながら，成長し繁殖する．動物がそれぞれの生息環境に合わせて成長・成熟し，世代をつないでいく上で，「視床下部―下垂体系」はきわめて重要な役割をもっている．本章では，魚類の回遊過程で内分泌系や脳神経系の働きが明らかになっている数少ない例として，北太平洋を大回遊するサケと，沿岸域でコンパクトに回遊を繰り返すクサフグを取り上げる．海や川を自由に泳ぎ回る魚を相手にして，その過程で起きている生物現象やそのしくみを明らかにすることは容易ではない．それでも，回遊のさまざまな局面において，生理機能と行動が時系列特異的に内分泌系や脳神経系によって調節されることがわかってきた．

5.1　魚類の回遊の多様性と回遊研究の面白さ

　回遊行動は，索餌や成長，生殖などの生理機能と密接に関係しており，季節や温度，照度（日照）などの環境要因の変化にうまく適応しながら起きている．回遊は，生物が生まれながらにもっている**環境適応**のしくみの1つと言ってよいだろう．魚類は，生命が誕生した海洋を始め，河川や湖沼などさまざまな水圏に適応して進化してきた．その行動や生理，生態は多様性に富んでおり，回遊行動もまた然りである．たとえば，シロザケ（*Oncorhynchus keta*）やニホンウナギ（*Anguilla japnica*），クロマグロ（*Thunnus orientalis*）などのように外洋を数千kmにもわたって回遊するものもいれば，アユ（*Plecoglossus altivelis altivelis*）やクサフグ（*Takifugu niphobles*）のように沿岸域や河口，川を回遊するようなもの，オイカワ（*Opsariichthys platypus*）やアユモドキ（*Parabotia curta*）などのように河川や湖の淡水域を回遊するものまで，その移動距離や移動経路はさまざまである．その移動の目的や移

5.1 魚類の回遊の多様性と回遊研究の面白さ

表 5.1 魚類のさまざまな回遊様式とその例

様式		例（索餌回遊と産卵回遊は除く）
海洋回遊	外洋域や沿岸域を巡る回遊	マグロ類，ブリ，サンマ，ニシン，クサフグ
通し回遊	河川と海との間を行き来する回遊	
溯河回遊	河川で産卵して海に下り，成長した後に産卵のために河川に溯上する回遊	サケ・マス類，ワカサギ，イトヨ，シロウオ
降河回遊	海洋で産卵して河川を溯上し，成長した後に産卵のために降河する回遊	ウナギ類，アユカケ，ヤマノカミ
両側回遊	河川で産卵して仔魚が海に流下し，再び河川へ加入して成長した後に産卵する回遊	アユ，ボウズハゼ，ヨシノボリ類
河川回遊	河川とその周辺の淡水域を巡る回遊	オイカワ，アユモドキ
索餌回遊	餌を求めて巡る回遊	
産卵回遊	産卵のために巡る回遊	
死滅回遊	海流によって流れ着くが，その場所が成育に適さず死んでしまう回遊	ハリセンボン，チョウチョウウオ類
越冬回遊	水温の低下を避けて暖かい海域などに移動する回遊	ブリ，マイワシ
季節回遊	産卵のためや，餌や適水温を求めて季節的に移動する回遊	マグロ類，カツオ類
鉛直回遊	餌を求めて日周鉛直運動を行う回遊	ハダカイワシ類，エソ類

動にともなう生息環境の変化に応じて，魚類の回遊にはさまざまな様式がある（表 5.1）．

　ある魚類の回遊の全過程を明らかにすることは，その種の全生活史を明らかにすることにほかならない．そのためには，水の中を自由に泳ぎ回る魚を，外海や河川，湖などのあらゆる水圏環境において，卵から仔魚，稚魚，若魚，成魚と時系列を追って追跡したり，採捕したりする必要がある．広い大海原で，ある特定の魚を探し出すことを考えれば，その困難さは容易に想像がつくであろう．回遊の過程の一部分がよくわかっている魚種でも，生活史が謎のままという例は多い．

　その多様性に富み，謎の多い魚類の回遊行動を調節する体のしくみを知ろうとすれば，なおさら難しい．回遊が生理機能と密接に関係した適応の働き

の1つとすれば，**内分泌系**や**脳神経系**による生体内の**化学情報伝達系**がその調節に重要な役割を担っていると考えられる．その中で情報分子として働いている**ホルモン**や**神経伝達物質**などの働きを解明しようとすれば，回遊の各過程にある魚を必要な数だけ入手し，その現場で，あるいは実験室に持ち帰って研究する必要がある．また，実験的な解析を行うために，一定期間実験室内で飼育することも必要である．回遊魚を研究に用いるためには，その魚の回遊生態や生活史を知ることが前提となる．そのため，まずはフィールド調査から始めることになるが，フィールドにおける調査・研究では，研究者だけでなく漁業者や水産行政機関，関連企業，時には遊漁者など，回遊魚に関わるさまざまな人との協力が重要である．また，環境要因に大きく依存する回遊行動は環境の変動に応じて変化するため，1年だけでなく複数年にわたる継続した調査・研究が必要である．このように魚類の回遊研究は，さまざまな場面におけるいくつもの「ハードル」を乗り越えて進められる．もっともそのハードルを一つ一つ乗り越えていった先に，回遊を調節するしくみが見えてくるという点が，魚類の回遊研究の醍醐味なのかもしれない．

　本章では，ホルモンや脳神経系の働きが明らかになっている，数少ない魚類の回遊の例として，**通し回遊魚（溯河回遊魚）**であるサケと，**海洋回遊魚**であるクサフグの産卵回遊を取り上げる．通し回遊は，河川と海洋の間を行き来する回遊であるが，淡水と海水のまったく異なる環境に適応するというダイナミックな生理的変化をともなう．硬骨魚の体液は鰓を通して環境水に接しているが，その中で**体液浸透圧**を海水の約3分の1となるように保っている．通し回遊の過程では，水・電解質代謝のしくみを環境水の塩分濃度・浸透圧の変化に合わせて大きく変化させている（4章参照）．

　一方，沿岸域を産卵回遊するクサフグは，産卵期である初夏の大潮の日に，海岸のある決まった場所に集合して産卵するというユニークな行動生態をもつ．魚類の産卵回遊は**季節**の移り変わりに合わせて起きており，**光**や**水温**などの環境要因の周期的な変化が産卵回遊行動の**周期性**に大きく影響している．魚類の**産卵リズム**の調節にはさまざまなホルモンや脳神経系の生体情報分子が関わっている．クサフグは，産卵回遊行動の周期性を調節するホル

モンの働きを解明するのに適したユニークなモデル動物であり，筆者がこれまでに進めてきた研究を中心に紹介する．

5.2　太平洋サケの回遊生態

サケ属（*Oncorhynchus*）魚類は，河川で生まれ孵化した後，海に下って海洋で成長し，生殖腺が成熟するのに合わせて生まれた川（母川）に回帰して産卵する．稚魚期の河川から海への移動を**降河回遊**，海洋で索餌・成長しながら移動する過程を**索餌回遊**，海洋から母川に回帰する過程を**産卵回遊**という．北太平洋には7種のサケ属魚類が生息し，太平洋サケ（Pacific salmon）と呼ばれている．日本には4種の太平洋サケ（シロザケ *O. keta*，カラフトマス *O. gorbuscha*，ベニザケ *O. nerka*，サクラマス *O. masou*）が生息しているが，それぞれの回遊行動のパターン，たとえば降河や溯河の時期，回遊する海域，回遊期間などに違いが見られる．

サケ属が含まれるサケ目魚類はもともと淡水起源で，カワカマス目と共通の祖先から分化してきたと言われている．日本の河川は短く，同じ地域の海洋と比べて生物生産性が低い．より高い生産性をもつ海洋に移動したものがより多くの子孫を残し，現在のような回遊パターンが形成されてきたと考えられている．サケ属の中でも，より最近になって分化したシロザケやカラフトマスは，生活史のより早い成長段階で海に下って北太平洋を大回遊し，バイオマスも大きい．サケ属魚類の回遊生態や生活史，系統進化，水産増養殖事業，文化的側面などについては，前川光司 編（2004）や阿部周一 編著（2009），帰山雅秀ら 編著（2013）を参照してほしい．ここでは，本章で回遊のホルモン調節について解説するシロザケとサクラマスの回遊生態を簡単に述べる．

シロザケは，北太平洋全域と北極海の一部に分布し，日本では主に北海道・東北地方に分布する．日本系シロザケは秋から初冬にかけて産卵する．翌年の春に孵化した仔魚は体長が5〜6 cmくらいになるまで川に留まった後，初夏までに群れで海に下る．海に出て行った稚魚を追いかけて回遊経路や生態を明らかにするのは容易ではないが，標識放流や水産資源調査，遺伝的系

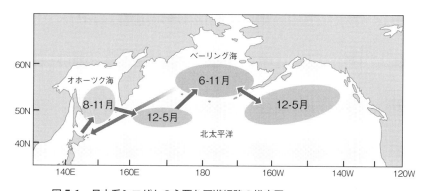

図 5.1　日本系シロザケの主要な回遊経路の推定図
（浦和, 2000 年, さけ・ます資源管理センターニュース No. 5, 3-9 を改変）

群識別技術を基にして，浦和が 2000 年に発表した日本系シロザケの主要な回遊経路の推定図（図 5.1）が一般的に受け入れられている．それによれば，日本沿岸を離れた幼魚はオホーツク海に秋まで滞在し，北太平洋西部で最初の越冬をする．年が明けると，晩春までにはベーリング海へ移動し，成魚とともにベーリング海とアラスカ湾の間で季節ごとに移動を繰り返す．4 年ほどの索餌回遊で大きく成長し，生殖腺が成熟した成魚は，夏にベーリング海から離脱して日本の母川に回帰する．

　サケ属魚類のなかでもより古くに分化したサクラマスは，河川への依存度が高い．日本産サクラマスは秋に産卵し，孵化した仔魚は約 1 年半を河川で生活し，その後，海に下って日本海とオホーツク海を中心に 1 年間の索餌回遊を行う．3 年目の春に生殖腺が成熟し始めた魚は，初夏までに母川に回帰し，中下流域で索餌しながら成熟するのを待つ．そして，秋になると上流域に遡上して産卵する．また，サクラマスでは，海に下らずに一生淡水域に生息して繁殖する河川残留型（ヤマメ）が出現する．そのほとんどが早熟な雄であり，成長の優れた雄は当歳魚の夏に成熟を始め，秋には産卵に参加する．

5.3　サケの回遊にともなう生理的変化とホルモン

　サケの回遊過程では，環境水の変化に対する反応だけでなく，**成長**と**性成熟**が回遊行動に連動しながら起き，最終的に母川の上流域での**生殖**を可能に

5.3 サケの回遊にともなう生理的変化とホルモン

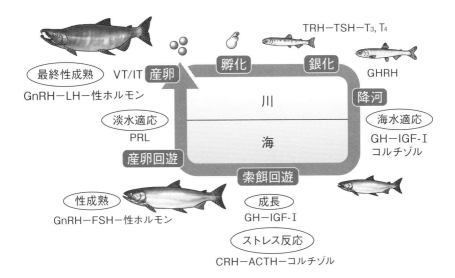

図 5.2　サケの回遊の過程で起こる生理的変化とそれを調節するホルモン
ACTH：副腎皮質刺激ホルモン（adrenocorticotropic hormone），CRH：副腎皮質刺激ホルモン放出ホルモン（corticotropin-releasing hormone），FSH：濾胞刺激ホルモン（follicle-stimulating hormone），GH：成長ホルモン（growth hormone），GHRH：成長ホルモン放出ホルモン（growth hormone-releasing hormone），GnRH：生殖腺刺激ホルモン放出ホルモン（gonadotropin-releasing hormone），IGF-I：インスリン様成長因子-I（insulin-like growth factor-I），IT：イソトシン（isotocin），LH：黄体形成ホルモン（luteinizing hormone），PRL：プロラクチン（prolactin），T_3：トリヨードチロニン（triiodothyronine），T_4：チロキシン（thyroxine），TRH：甲状腺刺激ホルモン放出ホルモン（thyrotropin-releasing hormone），TSH：甲状腺刺激ホルモン（thyroid-stimulating hormone），VT：バソトシン（vasotocin）

する（図 5.2）．また，回遊の任意の過程でさまざまな**ストレス**から体を守る反応も起きる．これらの生理的変化は，それぞれ複数のホルモンによって調節されている．これらのホルモンは，それぞれの場面でその分泌量が高まったり（その結果として，それらの受容体を介した作用が引き起こされる），ホルモンを投与すると生理的変化が引き起こされたりすることが報告されている．各ホルモンの構造や働きは，『ホルモンハンドブック 新訂 eBook 版』(2007) を参照して欲しい．なお，ホルモンの分泌調節の階層性を示すため

に，複数のホルモンをダッシュ（ー）によって結んで表記するが，ーの左側のホルモンが右側のホルモンの分泌を刺激したり，右側のホルモンがフィードバックにより左側のホルモンの分泌を調節したりする．

5.4　太平洋サケの産卵回遊のホルモン調節Ⅰ：成長から性成熟への転換機構

　日本系シロザケの産卵回遊では，夏にベーリング海で性成熟した成魚が日本の母川に向けて約3,000 kmの回帰を開始する．この母川回帰の行動過程を，**バイオギング**という方法を用いて記録した報告がある[5-1]．母川回帰を始めた段階と考えられるシロザケをベーリング海で採捕し，連続的に水温や水深などを記録できる**データロガー**を装着して，約2か月にわたって北海道沿岸までの2,760 kmに及ぶ回帰行動を記録することに成功したのである．そのシロザケの行動を解析した結果，回帰時の平均遊泳速度は36.4 km/日であり，回帰に要した時間と，ベーリング海から北海道沿岸までの地理的距離とを照らし合わせると，その個体は北太平洋から母川に向かってほぼ直線的に回帰したと考えられる．生殖の衝動に突き動かされて，母川に向かって真っ直ぐに泳ぐシロザケの姿が想像される．遠く何千kmもの彼方から母川に正確に回帰するという驚くべき行動は，多くの研究者の興味を引いてきた．ベーリング海でどのような感覚を手がかりにして母川の方向を知るのか，また母川の記憶がいつどのようにしてつくられて，回帰時にまた呼び起こされるのかなど，未だに解明されていない問題が多いが，シロザケでは母川のアミノ酸組成比の情報が母川の記憶として重要であることが示唆されている．

　一方で，ベーリング海で起こる索餌回遊から産卵回遊への切り替え，すなわち日本の母川への約3,000 kmの旅に出ようとする衝動はどのようなしくみで起こるのかという問題も興味深い．そこでは，体の生理的変化として成長から性成熟への転換が起こる（**図5.2**）．成長と性成熟はそれぞれ複数のホルモンによって調節されることを述べたが，主となる体の生理機能調節系が，成長を調節する**成長ホルモン（GH）ーインスリン様成長因子-Ⅰ（IGF-Ⅰ）**系から，性成熟を調節する**生殖腺刺激ホルモン放出ホルモン（GnRH）ー濾胞刺激ホルモン（FSH）ー性ホルモン**系へと切り替わる．これらのホルモン

のなかで GnRH は，視床下部の**神経分泌細胞**から分泌される**神経ホルモン**である．視床下部神経ホルモンは，**下垂体ホルモン**の分泌を調節して生理機能を調節する一方で，脳内の感覚系と運動系に働いて，刺激があれば行動を起こさせるように神経活動を高める働きももっている．魚類以外のさまざまな脊椎動物でも，GnRH は生殖行動を起こさせる最も主要な神経ホルモンである（2 章参照）．母川回帰行動を，産卵を目的とした生殖行動と捉えれば，シロザケの産卵回遊でも GnRH が重要な役割をもっていると考えられる（コラム 5.1 参照）．

コラム 5.1
GnRH は母川回帰したシロザケの海水から淡水への移行を刺激する：データロガーをサケに付けて

　水中を自由に泳ぐ魚の行動を連続的に直接記録する方法として，デジタル式のデータ記憶装置（データロガー）が強力な研究ツールとなっている．1991 年に日本のリトルレオナルド社が世界に先駆けて開発して以降，小型化，高性能化が急速に進み，現在では遊泳深度や温度，塩濃度，遊泳速度，加速度，照度などの物理的情報だけでなく，心電図や脳波などの生理的情報も記録できるデータロガーが開発されている．また，データロガーは魚だけでなく，海獣類や鳥類などさまざまな動物に装着されて，謎の多い野生動物の行動や生態の解明に大いに役立っている．このコラムでは，データロガーを利用して，シロザケにおける GnRH の働きを解析した研究を紹介する．データロガーを装着したシロザケを海に放流するのではなく，実験的処理をした魚にデータロガーを付けて水槽内に放し，その行動を解析した．
　生殖機能の調節において中心的な役割をもつ神経ホルモンである GnRH は，産卵のために母川に回帰したシロザケでも重要な働きをもっていると考えられる．そこで，GnRH を脳内に投与し，シロザケの回帰行動，中でも海水から淡水への移行行動に対する影響を調べた（図 5.3）．本実験は，共同研究者である浦野明央博士（元 北海道大学）の研究室の北橋隆史博士（現 新潟大学）が行った．三陸の大槌沖で採集したシロザケに塩濃度を記録できるデータロガーを装着し，1 日の馴致後に，海水域と淡水域があってしか

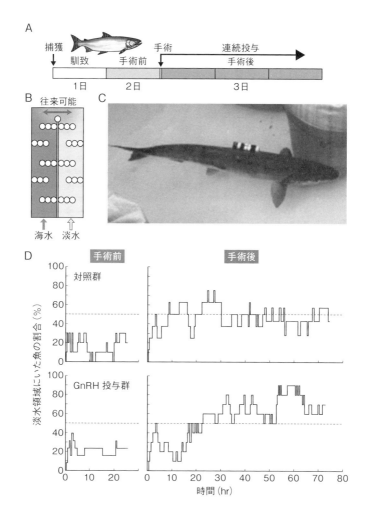

図 5.3　GnRH 投与によるシロザケの淡水移行の促進
　（A）実験手順の模式図．（B）実験水槽の模式図．水槽を中央で仕切り，左半分は海水域，右半分は淡水域にした．また，水槽の端は両方を行き来できるようにした．白丸は，海水域と淡水域を保つために設置した土嚢を示す．（C）データロガーを付けたシロザケ．背中の円筒状のものがデータロガー．（D）手術前後における淡水域にいた魚の割合．

も両方を行き来できる水槽に入れて，1日中行動を記録した．翌日，脳内にGnRHを連続的に投与する小型の装置を装着する手術を行った後，水槽に戻して3日間の行動を記録した．対照群として，GnRHの代わりに生理的食塩水を脳内に投与する手術を行った魚の行動を同様に解析した．GnRH投与群，対照群，それぞれ11個体と12個体を1つの水槽に入れて，行動を記録した．もしGnRHが産卵場への回帰行動を刺激するのであれば，GnRH投与群では対照群に比べて淡水域にいる魚の割合が多くなるはずである．海水域にいるのか，淡水域にいるのかをデータロガーを用いて連続的に記録したのである．その結果，淡水域にいた魚の割合は，手術前では両群ともに約20%（2個体程度が淡水域，残りは海水域）であったのが，手術後にはGnRH投与群では90%近くまで割合が上昇した．一方，対照群では最大60%までの上昇に留まった．

上に述べた結果は，石狩湾の定置網で入手し，データロガーを装着したシロザケを用いて行ったGnRHアナログ投与実験の結果とも一致する．したがって，GnRHは，母川回帰したシロザケの海水から淡水への移行，すなわち溯上行動を刺激することが強く示唆されるが，それが下垂体―生殖腺系の活性化をともなった現象かどうかの解明は今後の課題である．

日本系シロザケの産卵回遊のホルモン調節のしくみ，なかでも成長から性成熟への転換機構を明らかにするため，冬のアラスカ湾と夏のベーリング海でシロザケを採捕し，それらの性成熟の状態と上記のホルモンの動態を解析した[5-2]*5-1．

2月のアラスカ湾で採捕した3歳魚と4歳魚では，雄では約3割，雌では約5割の個体で配偶子形成が開始されていた．それらの個体では，下垂体中のFSH含量や血漿中のFSH濃度が未成熟の個体に比べて増加していた．す

---

*5-1　アラスカ湾とベーリング海のシロザケのホルモン動態についての研究結果は，浦野明央博士（元 北海道大学）と小沼 健博士（現 大阪大学）との共同研究によるものである．

なわち，性成熟する年の晩冬までに，アラスカ湾で越冬しているシロザケのなかには，配偶子形成がスタートしている個体がいるのである[5-3]．

これらの魚の血漿中 IGF-I 濃度は，配偶子形成開始個体では未成熟の個体に比べて 2〜3 倍高かった．また，血漿中 FSH 濃度と IGF-I 濃度には正の相関が見られた[5-4]．GH によって発現が誘導される IGF-I は，体成長にともなって血漿中濃度が増加する．IGF-I は，体が生殖に十分な大きさまで成長したことを体の他の組織へ伝達するシグナル分子として機能すると考えられている[5-5]．とくに未成熟のシロザケでは，IGF-I は直接あるいは間接的に下垂体に働いて，配偶子形成を刺激する FSH の分泌を高めている可能性がある．この成長から性成熟への転換の分子メカニズムをシロザケで証明するには，冬のアラスカ湾で日本系シロザケを採捕し，IGF-I の投与実験などを行う必要があるが，それは不可能に近い．そこで筆者らは，池で飼育したサクラマスを用いて IGF-I と FSH の相互作用を解析した．

サクラマスは 7 種の太平洋サケのなかではより淡水に依存した生活史を送っており，池で飼育した魚も 3 年目の秋に成熟して産卵する．本研究では，旧北海道立水産孵化場（現 北海道立総合研究機構さけます・内水面水

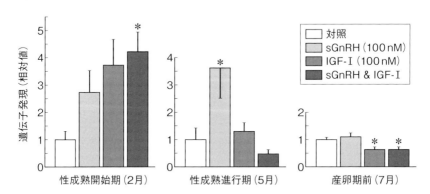

図 5.4　サクラマスの FSHβ サブユニットの遺伝子発現に対する GnRH と IGF-I の作用
性成熟開始期（2 月），性成熟進行期（5 月），産卵期前（7 月）に，サクラマス 2 歳魚から，下垂体を採取して培養した．培地中にサケ GnRH（sGnRH），IGF-I，あるいは sGnRH と IGF-I を同時に加えて，FSHβ サブユニットの mRNA 量の変化を調べた．培地に sGnRH と IGF-I を加えていないもの（対照）の mRNA 量に対する相対値を示す．＊は対照と比較して統計的に有意な差があることを示す．

産試験場）森支場において屋外水槽で飼育・継代されていた魚を用いた．この系群は放流すると海に下り回遊する性質を保持しているため，太平洋サケの孵化から産卵に至る過程におけるホルモンの発現動態や作用を解析するモデルとして用いた．サクラマス2歳魚から，性成熟開始期（2月），性成熟進行期（5月），産卵期前（7月）に下垂体を採取して培養した．培地中に IGF-I を加えて，FSH の合成活性と分泌量に対する影響を調べた．FSH の合成活性として，FSH を構成する α サブユニットと β サブユニットの mRNA 量を測定した．IGF-I は，2月の性成熟開始期のみに両サブユニットの mRNA 量と FSH 分泌量を増加させた（図 5.4）．すなわち，IGF-I は性成熟開始期のサケの下垂体に直接的に作用し，FSH の合成と放出を高めて配偶子形成を刺激するのである（図 5.5）．太平洋サケの間の近縁度は，このしくみが冬のアラスカ湾を回遊しているシロザケで起きていることを強く示唆する．

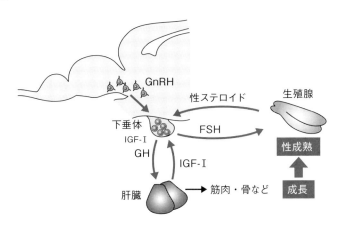

図 5.5　太平洋サケにおける成長と性成熟を調節するホルモンの調節系
索餌回遊の過程では，GH の刺激によって肝臓から分泌される IGF-I は，筋肉や骨の細胞に作用して体成長を刺激する．性成熟する年の冬になると，血液中に分泌された IGF-I や下垂体で合成される IGF-I は，FSH 細胞に作用して FSH の合成と放出を刺激する．FSH は生殖腺に作用して配偶子形成をスタートさせる．GnRH は IGF-I と協調的に作用し，性成熟開始期には FSH の分泌を刺激するが，生殖腺が成熟した産卵期の直前の段階では抑制的に作用する（図 5.4）．

サクラマスの下垂体を用いたこの実験で，IGF-Ⅰとともに GnRH を投与し，FSH の合成に対する IGF-Ⅰと GnRH の相互作用を調べてみると，性成熟開始期には GnRH も IGF-Ⅰと同様に FSH 合成を刺激し，両者を同時に投与するとその効果は増強されることがわかった（図 5.4）[5-6]．冬のアラスカ湾のシロザケでも，脳内の *gnrh* mRNA 量は，配偶子形成開始個体では未成熟の個体に比べて高い傾向があった．シロザケの成長から性成熟の転換に，体成長調節因子である IGF-Ⅰと生殖調節神経ホルモンである GnRH が下垂体で協調的に作用していると考えられる（図 5.5）．

5.5　太平洋サケの産卵回遊のホルモン調節Ⅱ：産卵回遊開始機構

アラスカ湾からベーリング海に移動したシロザケでは，性成熟がさらに進行し，下垂体中の FSH 量と**黄体形成ホルモン**（LH）量は，未成熟な個体や 2 月のアラスカ湾の個体と比べて数十倍高い．このベーリング海で回遊している性成熟進行中の個体は，6〜8 月の間にベーリング海を離脱して母川に向かうと考えられるので，それらの個体の脳内の *gnrh* mRNA 量を調べてみた．その結果，6〜7 月のベーリング海の性成熟進行個体では，*gnrh* mRNA 量は 2 月のアラスカ湾の性成熟開始個体より，有意に減少していた[5-2]．池で飼育した森系のサクラマスを用いて，稚魚から産卵期までの過程における脳内の *gnrh* mRNA 量の変化を調べてみたところ，性成熟する 3 年目の魚での変化は，アラスカ湾のシロザケで見られた変化と一致した．また，脳内の GnRH 量の変化を調べた結果も mRNA 量と同様な変化を示し，冬から春にかけて高いが，夏に一度低下し，産卵期にかけて上昇した．これらの結果は，脳内の GnRH 量が高まることによって回帰の衝動が起こるのではなく，別の要因，たとえば GnRH ニューロンの神経活動の高まりや，GnRH に対する反応性を担う分子である GnRH の**受容体**の量や機能変化が，回遊の開始に重要であることを示唆している．

サクラマスには 5 種類の GnRH 受容体サブタイプ遺伝子があり，いずれも脳内で発現している[5-7]．その mRNA 量の変化を調べてみると，GnRH とよく似た季節変化を示した．すなわち，レベルは春から夏にかけて減少し，

7月から繁殖期にかけて上昇した．この7月から繁殖期にかけての受容体の合成活性の増大によってGnRHに対する反応性が増強されていくことが考えられ，その反応性の増大が産卵回遊行動の刺激となるのかもしれない．

5.6　クサフグの産卵回遊生態

クサフグは，青森から沖縄までの日本各地の沿岸域に分布するフグ目フグ科トラフグ属（*Takifugu*）の一種である．トラフグ属は約25種が知られており，種分化の年代が浅く，鮮新世（260～530万年前）に東シナ海で爆発的に種分化を起こしたという[5-8]．また，その外部形態や体表の模様は類似したものが多い．にもかかわらず，トラフグ属魚類の産卵生態は多様であり，なかでもクサフグはユニークな産卵生態をもっている．すなわち5～7月の大潮の前後数日の満潮前に，海岸のある特定の一角の波打ち際で**集団産卵**する（口絵Ⅵ-5章参照）．産卵は，数十個体の雄と1個体の雌のグループで行われ，雌が放卵するのに合わせて周りの雄がいっせいに放精する．産卵場に集合する時間は，場所ごとに厳密に決まっており，分単位で予測できる．産卵場に集まる前は，産卵場近くの沿岸域で群泳したり，海底の砂に潜ったり

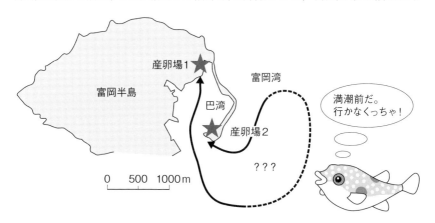

図5.6　富岡（熊本県）におけるクサフグの産卵回遊の推定図
富岡には，巴湾をつくる砂嘴の根元と先端に2か所の産卵場があり，主要なグループは産卵場1に回帰するが，一部の魚は産卵場1と2に回帰する．クサフグは，満潮の3時間前に産卵場に到着できるように，回帰行動を起こす．（イラスト：山田佑紀）

5章　サケとクサフグの産卵回遊

していることが多いが，決まった時間に産卵場に到着できるように，「**時間**」を感じながら回帰行動を起こすと考えられる（図5.6）．

　クサフグは海岸のある決まった場所で繰り返し産卵する．その**回帰性**について，図5.6に示した熊本県天草郡苓北町富岡の産卵場で標識放流によって調べてみた．富岡では，巴湾をつくる砂嘴の根元と先端に2か所の産卵場（産卵場1と2）がある．産卵場1には最大でおおよそ1,000個体の魚が集まるが，150～300個体の魚を採捕し，背びれの後ろにカラーピンを装着して放流した．翌日，2週間後（次の大潮），さらに翌年に放流地点で標識魚の確認を行った．雄では同じ魚が繰り返し24時間おき，2週間おき，また，毎年同じ場所に回帰することがわかった．一方，雌については不明である．雌は，もともと産卵場に集まる数が雄の約10分の1と少ない．これは，雄は活発に精子形成して，毎回，回帰して放精を繰り返すのに対して，雌は，一部の性成熟し動機づけされた個体しか産卵場に回帰しないためと考えられる．また，雌は一度の放卵で大部分の卵を出し，その後は再度卵成熟しないために産卵期には1～数回しか回帰しない．

　次に，産卵場1と2に集まる魚が同じグループなのか，異なるグループなのかを，赤色（産卵場1）と黄色（産卵場2）のカラーピンを使って2か所で同時に標識放流を行って調べてみた．翌日，赤色標識魚は産卵場1のみで，また黄色標識魚は産卵場1と2で確認された．集団の大きさは，産卵場1が約1,000個体であるのに対して産卵場2は約300個体と少ない．富岡の群は，主要なグループとして産卵場1に毎回，回帰するが，一部の魚は産卵場1と2に回帰すると考えられる．このような産卵回遊行動が，大潮の前後数日の間，毎日繰り返され，それが月齢に合わせて2週間ごとに繰り返される．クサフグは，沿岸域で強い周期性と高い回帰性をもちながら，コンパクトな産卵回遊を繰り返す魚なのである．

　トラフグ属では，ヒガンフグ（*T. pardalis*）も3月に波打ち際で集団産卵することが知られているが，月齢との関係は不明である．一方，冬の味覚を代表する重要な水産魚種であるトラフグ（*T. rubripes*）は大回遊をする．日本海・東シナ海系群のトラフグは，東シナ海や黄海を回遊し，3～5月に九

州沿岸，瀬戸内海，日本海沿岸の特定の産卵場に回帰して産卵する．産卵場は，潮流の速い瀬戸や海峡の水深 10 〜 50 m の海底であるが，クサフグのように複数の雄が 1 個体の雌を追尾して産卵することが知られている．

5.7　クサフグの産卵回遊行動の地域多様性

　クサフグの集団産卵は，日本各地の海岸で報告されている．「月夜の晩の決まった時間に決まった場所に集まって産卵する」というクサフグ独自の産卵行動は，生命の神秘を感じさせる野生生物の営みの 1 つとして，多くの人の興味を引き付けてきた．産卵期には観察会が開かれたり，産卵場が保護されたりしている．なかでも山口県光市室積（むろづみ）海岸のクサフグ産卵場は，県指定天然記念物として保護されている．筆者は 2005 年から，前述した富岡と福岡県志賀島の産卵場をフィールドにして，クサフグの産卵回遊行動のホルモン調節の研究を開始した．その後，神奈川県三浦市三崎や静岡県伊東市川奈，新潟県佐渡市相川の産卵場などでも研究を進めてきた．産卵回遊行動を調節する体のしくみを明らかにするには，まずフィールド調査，すなわち産卵生態の調査から始めることを前述したが，これらの各産卵場での産卵生態は，場所ごとに違いがあることがわかった．

　上記の 5 か所の産卵場の環境と産卵回遊行動の様式を**表 5.2** にまとめた．産卵場の地理的特徴について見てみると，すべての産卵場に共通した特徴はなく，底質は砂礫（されき）から岩場までさまざまである．外海に面していて波が打ち寄せる場所もあれば，内湾の中で波がほとんどないような場所もある．また，三崎では産卵場は海水浴場の端にあり，日中は多くの人が海水浴したり，砂浜で遊んだりするような場所である．ただ多くの産卵場に共通する特徴として，集合するための目印になるような岩や出っ張りがあることと，小川や清水（わき水）が近くに流れていることが挙げられる．クサフグは，日常的に海岸の清水の流れ出している場所でじっと"水浴び"をしたり，時には集団で川に遡上したりする．この淡水に体を暴露する行動は，体表に付いた寄生虫や菌を除くためと考えられているが，はっきりとした理由はわかっていない．

5章　サケとクサフグの産卵回遊

表 5.2　クサフグの産卵場と産卵回遊行動様式

産卵場	富岡 (熊本県 / 産卵場 1)	志賀島 (福岡県)	川奈 (静岡県)	三崎 (神奈川県)	佐渡相川 (新潟県)
海岸の底質 (砂, 石の直径, cm)	転石海岸 (4-30)	転石海岸 (7-15)	転石海岸 (4-15)	砂礫海岸 (〜0.5)	転石海岸 (2-5)
環境や立地的特徴	砂嘴の内湾側の根元	玄海灘に面した入江	相模灘に面した海岸	相模湾に面した入江, 海水浴場の端	日本海に面した入江
波あたりの強さ	弱	強	中	中	中
最大潮位差 (cm)	400	240	150	160	30
日出 / 日没時間[1]	5:10/19:30	5:20/19:10	4:30/19:00	4:30/19:00	4:25/19:10
満潮時間[2]	19:30-21:30	8:00-11:00 (朝産卵) 20:30-22:40 (夜産卵)	19:00-20:00	17:30-19:00	─
産卵時間	18:00-20:00	7:30-10:00 (朝産卵) 20:00-22:00 (夜産卵)	16:30-18:00	17:00-18:00	19:00-20:00
集団の大きさ[3]	1000	400	500	200	30-50
半月周産卵リズム	有	有	有	有	無いか, 弱い
産卵開始前のパターン	産卵場を群泳し, 潮位が上がるにつれて水際に集合する.	産卵場の水際で, 頭を陸側に向けて群れで漂う.	産卵場を群泳し, 潮位が上がるにつれて水際に集合する.	産卵場を群泳し, 潮位が上がるにつれて水際に集合する.	産卵場を, 群れまたは1匹で遊泳する.
産卵行動パターン	十数匹の雄が雌を追尾し, 波などの刺激で雌がつきの石の隙間で雌が放卵すると同時に, 雄が周りで放精する.	雌が波で岸に打ち上げられて石の隙間で放卵するときに, 雄が周りで放精する.	十数匹の雄が雌を追尾し, 雌が波で岸に打ち上げられて石の隙間で放卵すると同時に, 雄が周りで放精する.	十数匹の雄が雌を追尾して上陸し, 雌が波に合わせて上陸し, 戻る際に砂の上で放卵すると同時に, 雄が周りで放精する.	雄が波の刺激で岸に打ち上げられて放卵すると同時に, 雌が波に合わせて上陸し, 戻る際に砂の上で放卵すると同時に, 雄が周りで放精する.

1) 富岡, 川奈, 三崎, 佐渡相川は6月の時間, 志賀島は5月の時間を示す.
2) 満潮時間は, クサフグが産卵場に集まる主たる日の時間帯を示す. 佐渡相川は月齢に関係なく連日, 産卵するため不記載.
3) 産卵場に集まる主な個体数の概数を示す.

産卵場での行動パターンも産卵場によって異なっている．どの産卵場でも魚は満潮の2時間半〜3時間前に産卵場に現れるが，その時はまだ潮位が低い．多くの産卵場では，魚は群れで産卵する場所の手前を行ったり来たりして潮位の上がるのを待つが，志賀島では群泳することなく，水際に群れたまま岸を向いて漂っている．満潮の1〜2時間前になって潮位が上がると，グループ単位で産卵が始まる．富岡，川奈，三崎では，十数匹の雄の集団が1個体の雌を活発に追尾し，時には雌の腹部に噛みついて雌の放卵を促す．また，雌が波で打ち上げられた後，水中に戻ろうと尾びれを振りながら放卵するタイミングに合わせて，周りの雄が放精する．砂浜からなる三崎では，打ち上げられた魚は波が引くと浜に完全に取り残されるが，その「上陸」の先頭にいるのは雌である．一方，志賀島では追尾行動は見られず，比較的強い波で雌が石の隙間に打ち上げられて，戻ろうとするのと同時に放卵するのに合わせて，雄が放精する．また，富岡では満潮近くなると岸がなくなって岸壁が水に浸るが，その壁際，すなわち水中でも産卵する．また，水中の大きな岩の周りをグループで回りながら産卵することもある．

産卵回遊行動について，産卵場で大きく異なるのは，そのリズムである．満潮は約12時間周期で1日に2回訪れるが，上記の5か所のうち志賀島を除く4か所や他の多くの産卵場では，クサフグは夜の満潮前に産卵し，朝の満潮前には産卵しない．一方，志賀島では朝と夜の満潮前に産卵し，その頻度は朝の方が高い（**表5.2**）．また，産卵時間は富岡では日没前後であるが，志賀島の夜産卵では日没後で，産卵は暗闇の中で起こる．とくに新月の夜は，人間の肉眼では暗くて何もわからないような状況で産卵する．一方，川奈と三崎では日没前の明るいうちに産卵が終了する．これらの場所では，産卵は大潮の前後数日のみに起き，2週間リズムが明確である．

しかし，日本海に位置して干満の変化がわずか30 cmしかない佐渡市相川では，半月周産卵リズムが弱い．すなわち，6〜7月の産卵期には月齢に関係なく産卵が連日起こる．産卵時間は夕暮れ時の19時台である．相川では，観察できる集団のサイズが約30個体と小さいことから，おそらく他の知られていない場所で小規模の集団産卵が連続的に起きていると考えられ

る．このことは，クサフグの月周同調産卵リズムの形成に潮位の周期的変化が重要なことを示唆している．月周に同調して産卵する魚は，スズメダイ（*Chromis notata*）やアイゴ類などの，潮間帯やサンゴ礁域に生息する種に多い．また，月周産卵は，魚類以外にもサンゴ類やカニ類など海産無脊椎動物に広く見られる現象である．月周産卵リズムには，月光や潮汐などの月に由来する環境条件の周期的変化が重要であると考えられており，ゴマアイゴ（*Siganus guttatus*）では月光の強さの変化が産卵リズムに重要なことが報告されている[5-9]．

5.8 クサフグの半月周性産卵回遊行動リズムの調節機構

生物リズムは，内在性の**体内時計**がリズムを駆動し，そのリズムに対して，周期的に変化する外部環境要因が**同調因子**として体内時計の時刻合わせをすることによってつくられる．代表的な生物リズムである 24 時間周期の**日周リズム**は，脳内にある中枢の**概日時計**（**サーカディアン時計**）がおおよそ 24 時間周期のリズムを駆動・発信し，日光が同調因子として概日時計を環境の明暗周期に同調させることによってつくられている．また，概日時計の分子機構も詳細に研究されており，複数の**時計遺伝子**の転写と翻訳の制御によって**概日リズム**が駆動される．一方，月齢に同調したリズムの形成機構はまだよくわかっていない．自発的行動や摂餌行動などが月周リズムを示す動物を，実験室内で一定の環境条件で飼育しても，その行動リズムは残ることから，内在性の**概月時計**が存在すると考えられている．また，月光や潮汐が，概月時計の同調因子として，概月時計の時刻合わせをすると考えられるが，概月時計の分子的実体やその同調のしくみは不明である．

クサフグの場合，**概半月性**（約 2 週間周期）のリズムを刻む体内時計である**概半月時計**が存在する可能性がある．そこで，産卵期に野外から採捕してきたクサフグを水槽内で飼育して行動観察を行った．海岸を模して水槽の底面の半分に小石で傾斜をつくり，残りの半分に砂を敷いて，外からの光が入るように窓際に置いた．水位は一定とし，その中に，雄 10 個体と雌 2 個体を入れて行動を連続的にビデオ観察した．この水槽内で放卵・放精は見られ

5.8 クサフグの半月周性産卵回遊行動リズムの調節機構

なかったが，クサフグは，大潮の日の満潮前の時間，すなわちフィールドで魚が産卵場に集まっている時間に，小石でつくった斜面に集合することがわかった[5-10]．同様の結果は2年続けて得られ，その翌年の恒暗条件下での行動観察でも，斜面への集合行動に2週間周期のリズムが見られるという結果が得られた．すなわち，クサフグは概半月時計をもつ可能性が強い．

クサフグの2週間周期の産卵回遊行動の発現のしくみを考えると，概半月時計とおそらく同調因子である潮位の周期的変化によって2週間リズムがつくり出され，そのリズムが，性成熟を調節するGnRH−FSH/LH−性ステロイドホルモン系の働きを調節して，生殖機能を周期的に変化させると考えられる．そこで，サケの産卵回遊の調節に重要な役割をもつことを前述した*gnrh*遺伝子の発現変動を調べてみた．また，2000年以降になって発見された，GnRHの分泌を制御する2種類の神経ホルモンである**キスペプチン**と**生殖腺刺激ホルモン放出抑制ホルモン（GnIH）**の遺伝子の発現変動も解析した．GnRHは多くの動物で1種類の動物に複数の分子種が存在する．クサフグには3種類のGnRH（GnRH1：タイGnRH，GnRH2：ニワトリGnRH-Ⅱ，GnRH3：サケGnRH）が存在し，それぞれ脳内の別の部域でつくられて，その機能も異なっている．これらの神経ホルモン遺伝子の発現の日周変動を調べてみた．産卵期のクサフグの脳を3時間ごとに採取して，*gnrh* mRNA量の変化を調べた結果，*gnrh1*と*gnrh3*には時間にともなった変化は見られなかったが，*gnrh2*のmRNA量は，1日の中で明期と暗期にそれぞれ1つのピークをもつおよそ12時間周期の変化を示した[5-10]．この**ウルトラディアンリズム**（概日リズムより短い周期のリズム）は，**潮汐リズム**に関連している可能性がある．GnRH2は，他の脊椎動物で生殖行動の調節に関わることが明らかにされており，クサフグでも産卵回遊行動を誘発する働きがあるかもしれない．また，キスペプチンと*gnih*のmRNA量は，明期の始めに1つのピークをもつ24時間周期の変化を示した．

このような*gnrh*やキスペプチン，*gnih*のmRNA量の明瞭な日周変動は他の動物では報告がなく，クサフグ独自の現象である．GnRHを中心としたクサフグの生殖機能調節系の働きは，強い周期性をもっており，おそらくは潮

5章 サケとクサフグの産卵回遊

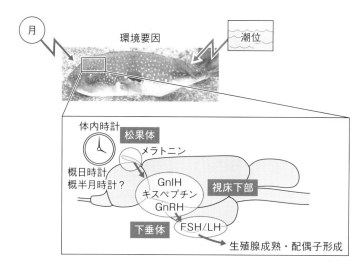

図 5.7 クサフグの半月周性産卵リズムを調節する脳のしくみ
松果体にあると考えられる概半月時計と潮位や月光の周期的変化によって2週間リズムがつくり出され，そのリズムが，メラトニンや神経系を介してGnRHを中心とした生殖機能調節系の働きを周期的に変化させると考えられる．

汐の変化と同調した概半月時計が発振する2週間リズムによって調節されると考えられる（**図 5.7**）．

中枢の概日時計は，魚類では光受容器官でもある**松果体**と**網膜**にある．松果体からは，概日時計と光の刺激によって**メラトニン**が暗期にのみ合成されて，血液中に分泌される．メラトニンは，明暗の情報を他の組織に伝える働きをするとともに，概日時計の働きも調節し，直接的あるいは間接的にGnRHやキスペプチン，GnIHの発現を調節すると考えられる．メラトニンの作用は，その受容体（MelR）を介して発揮される．クサフグには4種類のMelRサブタイプ遺伝子（*mel1a1.4*, *mel1a1.7*, *mel1b*, *mel1c*）が発現しており，GnRHを中心とした生殖機能調節系が含まれる**間脳**において，これらは同期して暗期の前半に1つのピークをもつ24時間周期の日周変動パターンを示す．ホルモンであるメラトニンの量も暗期に上昇することと合わせると，間脳におけるメラトニン作用は強く時間に依存し，おそらく暗期により

強い作用をもつと考えられる．また，*melr* 遺伝子の発現は，松果体では約15時間周期のウルトラディアンリズムを示すことがわかった[5-12]．

前述した *gnrh2* 遺伝子と *melr* 遺伝子のウルトラディアン発現の関連や生物学的意義，調節機構は現在のところ不明であるが，潮汐リズムや半月周性のリズムと関係している可能性がある．また，GnRH やキスペプチン，GnIH の周期的な発現が，半月周性の産卵回遊行動リズムの調節にどのように関わっているのかについての解明も，今後の課題である．クサフグのもつ概半月時計や概日時計，メラトニン，さらに GnRH を中心とした生殖機能調節系との相互作用の解明がこの研究の大きな目標であり，新しい生物リズムと生殖調節のしくみが発見されることを期待している．

5.9 魚類の回遊研究の展望

本章のはじめに魚類の回遊研究の難しさと面白さを述べたが，回遊のホルモン調節の研究が進んでいる太平洋サケとクサフグの産卵回遊でさえ，まだまだわからないことが多い．むしろ調べれば調べるほど新しい謎が出てくると言ってよい．「回遊の全過程を明らかにすることは，その種の全生活史を明らかにすることに他ならない」とも述べたが，その生活史のさまざまな局面において，生理機能や行動が時系列特異的に内分泌系や脳神経系によって調節されることがわかってきた．ただこれまでの多くの回遊研究においては，その生活史の中で起きていることを断片的にしか記載・解析することができなかった．しかし，近年の科学技術の進歩により，より少ない生物個体，より小さな生物試料，そしてより広い範囲に生息する野生生物から，より多くの情報が引き出せるようになってきた．

行動生態学の分野で用いられるバイオロギング技術の進歩は著しく，データロガーは小さくて高性能になり，長期間の記録が可能になっている．また，遺伝子の塩基配列の解析技術の飛躍的な進歩によって，あらゆる動物のゲノム情報を解析できるようになった．さらに，TALEN や CRISPR などの**ゲノム編集技術**は，非実験動物でもその遺伝子産物の機能解析において，遺伝子改変動物を用いることを可能にした．本章で紹介したクサフグは，脊椎動物

5章　サケとクサフグの産卵回遊

最少のゲノムをもち，ゲノム配列やゲノム地図が確立されているトラフグと近縁であり，遺伝子情報を基盤としたホルモン作用の研究に適した動物である．ホルモン作用の研究では，ホルモンと受容体の分子を扱う研究が中心となる．これまでは実験室で飼育可能なモデル動物でしか使えなかった分子生物学的技術が，回遊魚を含む野生生物にも適用できるようになってきた．

モデル動物は，詳細な分子機構を解析する上ではなくてはならない研究材料であるが，自然界で生きている多様な動物の営み，とくに回遊のような謎の多い生物現象を生み出すホルモンの働きやそのしくみを明らかにすることはできない．野生生物を研究することは難しいとわかっていても，まずは自然界で生きている動物を調べてみるしかないのである．今後，多様な魚類の回遊におけるホルモンの役割がますます明らかになり，動物の適応機能の多様性とその進化の理解が進むことが期待される．

5章 参考書

阿部周一 編著（2009）『サケ学入門』北海道大学出版会.

安東宏徳（2009）「日本動物学会ホームページ，トピックス http://www.zoology.or.jp/html/01_infopublic/01_index.htm，サクラマスのインスリン様成長因子Iは生殖腺刺激ホルモンの分泌を刺激する：成長から性成熟への切替えのしくみ」日本動物学会

安東宏徳（2011）「日本動物学会ホームページ，トピックス http://www.zoology.or.jp/html/01_infopublic/01_index.htm，水槽内における産卵期のクサフグの集合行動リズム」日本動物学会

帰山雅秀ら 編著（2013）『サケ学大全』北海道大学出版会.

前川光司 編（2004）『サケ・マスの進化と生態』文一総合出版.

日本バイオロギング研究会 編（2009）『バイオロギング』京都通信社.

日本比較内分泌学会 編（2007）『ホルモンハンドブック新訂 eBook 版』南江堂.

5章 引用文献

5-1) Tanaka, H. *et al.* (2005) Mar. Ecol. Prog. Ser., **291**: 307-312.

5-2) 安東宏徳ら（2009）比較内分泌学, **35**: 7-23.

5-3) Onuma, T. A. *et al.* (2009) J. Exp. Biol., **212**: 56-70.

5-4) Onuma, T. A. *et al.* (2009) Ann. N.Y. Acad. Sci., **1163**: 497-500.

5-5) Weil, C. *et al.* (1999) Endocrinology, **140**: 2054-2062.

5-6) Furukuma, S. *et al.* (2008) Zool. Sci., **25**: 88-98.

5-7) Jodo, A. *et al.* (2005) Zool. Sci., **22**: 1331-1338.

5-8) Yamanoue, Y. *et al.* (2009) Mol. Biol. Evol., **26**: 623-629.

5-9) Takemura, A. *et al.* (2004) J. Exp. Zool., **301**: 844-851.

5-10) Ando, H. *et al.* (2014) J. Neuroendocrinol., **26**: 459-467.

5-11) Motohashi, E. *et al.* (2010) Zool. Sci., **27**: 559-564.

5-12) Ikegami, T. *et al.* (2015) Front. Neurosci., **9**: 9.

6. 両生類と爬虫類の移動

朴　民根・山岸弦記

　本章では，両生類と爬虫類という脊椎動物の動物種の観点から「移動」という生命現象のありさまを紹介し，その生理学的な背景を議論する．両生類と爬虫類の「移動」は，ウミガメ以外ではあまり注目されてこなかった．しかし，両生類から爬虫類が分岐する際に，水中生活から陸上生活へ移行した生理学的背景を考える上で，両動物群の「移動」は重要な意義をもつ．また，「移動」は，多くの種が絶滅の危機に瀕している両動物群の効率的な保全を考える上でもきわめて重要である．

6.1　「移動」を起こさせる生物学的原理：資源の確保と適応度の最適化

　渡り鳥やサバンナの草食動物，回遊するサケに代表される動物が繰り広げる大移動は，人間の想像をはるかに超えるものであり，多くの人々を魅了してきた．なぜこのような動物は無謀とも思える旅を繰り返すのだろうか．
　生物の生存と繁殖には水や餌のほか，時間や空間などのさまざまな要素を必要とする．これらの要素の中で，生物が利用しつくすと枯渇するものは**資源**（resource）と定義される．この資源という概念には，生物個体の適応度の向上に関わるすべての要素が含まれ，1) 体を構成する要素，2) 生命活動に必要なエネルギー，3) 生活史を完了させるのに必要な空間，4) 配偶相手と配偶子，という4つのカテゴリーに分類される．「移動」は，利用に制限があるこれらの資源を安定して確保するために発現し，移動にかかる**コスト**と，移動により得られる**ベネフィット**を最適化した行動様式として動物集団に確立していくのである．これはすべての生物に普遍的な原理であり，「出アフリカ」に始まり，遂には宇宙空間に踏み出したヒトの移動もまた例外ではない．
　「移動」の確立には，移動軌跡を正確に記憶し，利用するメカニズムが必要である．また，「移動」にともなう生理的な変化（たとえば移動中の絶食

など）にも対応しなければならない．「移動」現象の解明は，特徴的な移動をする動物種や，経済的・文化的背景から保全の価値が高いとみなされる動物種に研究が集約されており，残念ながら現状では，両生類や爬虫類の「移動」は，他の動物群ほどに理解されているとは言い難い．しかし，以下で述べるような研究成果が発表されている．

6.2 両生類と爬虫類：生活の場を陸上に移行させた脊椎動物

両生類と爬虫類は，爬虫両生類学（herpetology）という学問分野で一緒に扱われ，他の脊椎動物と区別される．しかし，それらは単系統群を構成しておらず，解剖学，生理学，行動および繁殖生物学などの基本的な側面からも大きく異なっている（図 6.1）．

両生類は，デボン期後期に肉鰭類（にくきるい）に属する魚類から生じて石炭紀に繁栄した動物群であり，幼生時は水中でえら呼吸をし，変態後は肺呼吸をする．現存する両生類には，長い尾をもち短い四肢のある**有尾類**（イモリ，サンショウウオ），尾がなく体幹が短くまとまって四肢の発達した**無尾類**（カエル），四肢を失った細長い体の**無足類**（アシナシイモリ類）の3群が知られる．両生類は脊椎動物の中で初めて陸上生活が可能となった動物群であり，体の構造や繁殖などの生理機能などにおいて，陸上生活への適応を示しているものの，水辺への依存度が強いという特徴をもつ（図 6.2A）．

石炭紀後期，陸上で産卵する両生類の系統から羊膜を獲得した動物種（有羊膜類）が現れた．有羊膜類は系統上，単弓類（たんきゅうるい）と竜弓類（りゅうきゅうるい）に分かれる（図 6.1）．両系統には，独立に体温産生能を獲得した動物が現れ，それぞれ哺乳類と鳥類として現存している．一方，現生の有羊膜類のうち，体温産生能を獲得しなかった動物の系統は総じて爬虫類（外温性有羊膜類）と呼ばれ，**ムカシトカゲ目**，**有鱗目**（ゆうりんもく），**カメ目**，**ワニ目**の4つのグループに分けられる．爬虫類にはウミガメやウミヘビのように水中生活に戻った種も多いが，水中で発生期を過ごす両生類とは対照的に，すべて陸上で発生期を過ごす（図 6.2B）．これは，羊膜の獲得により，発生期を陸上で過ごすことができるようになったためである．

6章　両生類と爬虫類の移動

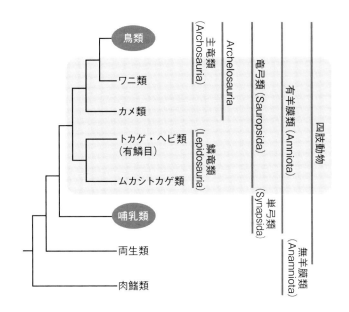

図 6.1　現生の陸生脊椎動物の各グループとその模式的な分岐図

両生類から鳥類までの陸生脊椎動物の各動物群は，四肢動物としてまとめることができ，単系統群として肉鰭類の姉妹群をなす．四肢動物の中で，両生類の姉妹群になるのが有羊膜類（Amniota）であり，哺乳類と爬虫類，鳥類を含む．この中で体温産生能を獲得した動物群を灰色の円で示した．爬虫類は体温産生能を獲得していない有羊膜類の総称である．そのため，内温性動物である鳥類を含んでおらず，独自の分類群としてまとめることのできない側系統群である（灰色の背景で示した動物群）．爬虫類の中で最大のグループがトカゲ類とヘビ類を含む有鱗目で，鳥類とほぼ同じ種数（＞ 10,000 種）が記載され（http://www.reptile-database.org/db-info/SpeciesStat.html），哺乳類（約 5,500 種）をしのぐ多様性がみられる（引用文献 6-1）．有鱗目は，ムカシトカゲ（*Spheodon punctatus*）1 種のみが現存するムカシトカゲ目とともに鱗竜類（Lepidosauria）と呼ばれる単系統群を形成する．一方，ワニ類と鳥類は主竜類（Archosauria）という単系統群を形成する．カメ類の系統上の位置づけには論争があったが，最近の研究成果から主竜類に近縁であるとされ，主竜類とともに Archelosauria という単系統群が提唱されている（引用文献 6-2）．鱗竜類と Archelosauria は竜弓類（Sauropsida）としてまとめられ，哺乳類を含む群である単弓類（Synapsida）と姉妹群をなす．

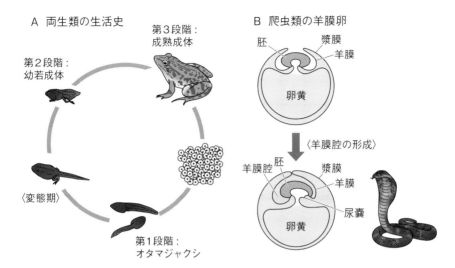

図 6.2　両生類の生活史（A）と爬虫類の羊膜卵の構造（B）
両生類は水生の生育段階をもっていることから，その生涯は次のような明確な3段階で区別される：1) 産み落とされた水中で幼生として過ごす時期，2) 変態して陸上に上がるが，いまだ未成熟な状態（幼若成体）として過ごす時期，3) 完全に成熟した成体としての時期．一方，爬虫類では，神経胚期以降に胚体外域の細胞が持ち上がって融合した羊膜が形成され，閉ざされた空間（羊膜腔：amniotic cavity）が生まれる．この羊膜腔に羊水が満たされ，生理的な恒常性が維持された環境を胚に提供することで，すべての生活史を水中環境から独立させることができる．そして，孵化した子供は親と同じ形態をしており，幼生期をもたない．

6.3　水中から陸上への移動にともなう環境適応と生体制御系

　脊椎動物が水中から陸上へ進出する過程で現れた両生類と爬虫類の「移動」は，魚類の生体調節系を受け継いでおり，「移動」に影響するさまざまな生体調節系の機能と進化を推測する上で重要である．

　両生類の生活史には，水生段階から陸生段階への移行期があり，陸上生活に移行する際に必要な多くの準備が行われる（**図 6.2A**）．この過程を「**変態**」と呼び，古くからその制御を担う内分泌機構が研究されてきた．その1つに，**甲状腺ホルモン**がある．甲状腺を早期に摘出したオタマジャクシでは，成長しても，変態が起こらない．変態期における甲状腺ホルモンの機能は進化的

に古い起源をもつと思われる．魚類のカレイ類では，卵から孵化した仔魚の両眼は左右対称で浮遊生活を行う．しかしその後，両眼の位置と共に体の形態も成魚と同じになり底生生活に入る．魚類におけるこのような変化も「変態」と呼ぶが，ここでも甲状腺ホルモンが重要な働きをするという．

　プロラクチン（PRL）という下垂体ホルモンも両生類の移動に重要な働きをもつ．淡水で生活するオタマジャクシの時期，PRLは体液浸透圧調節ホルモンとして機能している．同様の機能は魚類の淡水適応の時期にもみられる（4章参照）．また，PRLは尾の発達を促進することで尾への栄養蓄積を刺激する．オタマジャクシにとって尾は遊泳器官であるとともに，変態期間中の栄養貯蔵庫としても重要な役割を果たす．陸上の生活に備えて呼吸器や消化器系の再構築が行われるこの時期には餌を採ることができず，体に蓄えられた栄養分を利用しなければならない．そこで，尾を栄養として利用するのである．尾に対するPRLの成長促進作用は，繁殖期を迎えて水域に戻るイモリでもみられる．この時期になるとイモリの尾鰭は幅が広がり遊泳に適した形になるが，これはPRLの働きによるものである．またこの時期の水域への移動，すなわち入水衝動（water drive）をPRLが引き起こすことも，アメリカの東部に分布するイモリの一種（*Triturus viridescens*）を用いた実験で明らかになっている．砂を斜めに入れた水槽に陸と池を作ってこのイモリを入れると，非繁殖期の個体の大部分は陸にとどまるが，PRLを注射すると多くが水の中に入ってしまうという．

　陸上進出にともなったその他の制約として，Ca^{2+}の入手性が挙げられる．動物の骨の構成成分であるCa^{2+}は，細胞内情報伝達をはじめとする神経の興奮や筋肉の収縮，そして血液凝固にも関与する重要なイオンである．水中では不足しにくいイオンであるが，陸地では摂取できる量が大きく変動し，不足しやすい．そこで，副甲状腺という内分泌器官から分泌される**副甲状腺ホルモン**が，骨に含まれるCaを血中に溶かし出すことで，血中のCa^{2+}濃度を一定に保つ．副甲状腺は魚類にはみられず，両生類になって出現する．しかし，同じ両生類の中でも水中で生活するサンショウウオの幼生には副甲状腺がみられない．そのため，副甲状腺は脊椎動物の陸上進出に大きく寄与し

た内分泌器官だと考えられる．

6.4 両生類の移動

ここまでは，脊椎動物の生活圏が水中から陸上へと移動する際の生理現象と内分泌機構を，移動の過渡期にあたる両生類と爬虫類から探ってきた．以降では，現生の両生類と爬虫類が行う「移動」について取り上げる．

両生類と爬虫類の「移動」の多くは，移動距離の点で他の動物群よりも地味である．例外的に長距離を移動する動物としては，数百 km を回遊するウミガメ類が挙げられる．また，絶滅種ではあるが，（非鳥類型）恐竜は遠大な距離を移動したことが明らかになってきた．たとえば，竜脚類のカマラサウルスは季節ごとに低地―高地間を約 300 km 移動したことが化石証拠から確認されている[6-3]．また，論争中ではあるが，鳥脚類のエドモントサウルスは北米大陸の南北で 2000 km 以上の「渡り」をした可能性があるという[6-4]．こうした動物の移動は移動距離の差こそあれ，いずれも**餌**や**繁殖地**といった資源の確保を動機としている点では変わらない．

両生類の中で，無足類（Caecilians）の「移動」についてはほとんど知られていないが，有尾類や無尾類の**短距離移動**については多くの研究報告がある．ほとんどの両生類は繁殖のための水環境の他に，採餌地域と夏眠または冬眠のための場所を必要とする．これらの地域が空間的に分離されている場合，その間を移動する必要が生じる．しかし，両生類の乾燥しやすい皮膚は，移動距離を著しく制限する．一般的な移動範囲は，有尾類で 500 m，無尾類で 1500 m 以内とされている．比較的長い距離を移動する種として，北アメリカの広い地域に分布するアカガエル（*Rana areolata aesopus*）やヨーロッパヒキガエル（*Bufo bufo*）は 2～3 km を移動する．最長記録として，ヨーロッパに分布する *Pelophylax* 属の 2 種（*P. lessonae*，*P. esculenta*）で 15 km の移動が報告されているが，これらの種でもこれほど長距離の移動は例外的で，ほとんどの個体はわずか数百 m しか移動しないという．

両生類の「移動」は，繁殖期における水環境への移動が最もよく研究されている．移動して向かう場所は，自分が生まれ育った水域である場合が多い．

6章 両生類と爬虫類の移動

　これは，自分で経験した場所が繁殖と生存に適しているためと考えられる．ドイツに生息するイモリ（T. cristatus）では，別の池に移動する率はわずか1.3～9.0％である．北東アメリカのイモリの一種（Notophthalmus viridescens）も2～4年の陸地での生活後，生まれた池に毎年帰ることが報告されている．

　また，ほとんどの両生類は，毎年同じ特定の場所に繰り返し移動することが知られている．たとえば，カリフォルニア北部のイモリの一種（Taricha rivularis）では，繁殖に適した池が周辺に多いにも関わらず，11年間も同じ場所に移動し続けたことが報告されている．カリフォルニアイモリ（T. torosa）では，繁殖のために集まった個体を2～3km離れた下流または別の支流に移しても，60～80％の個体が次の繁殖期には元の場所に集まったという．無尾類でも同様な観察結果が報告されている．寒冷な地域を含むカナダの広い地域に分布するカエルの一種（R. sylvatica）では，周囲に良好な条件の池が出現しても，ほぼ100％の個体が元の繁殖池に戻るという．日本のヒキガエル（B. japonicus）でも，同じ個体は毎年同じ産卵場所を訪れることが，標識実験で確認されている．中には，開発によって埋め立てられた産卵池跡を数年間続けて訪れた個体も報告されている．

　産卵池のみならず冬眠地についても，毎年同じ場所を選ぶことが報告されている．ファイアサラマンダー（Salamandra salamandra）は20年間も同じ冬眠地に戻ってきたことが記録されている．カナダの中央南部地域のカエル（B. hemiophrys）でも同様の報告がある．

　一方，集団内のすべての個体が移動に参加するのではないことが，北アメリカの広い地域に分布するカエル（R. luteiventris）で報告されている．スポットサラマンダー（Ambystoma maculatum）では，繁殖池から陸地への移動へ参加する個体の率に年ごとの違いがあり，環境によって春と秋に移動するグループに分かれるという．このような時期による移動の選択は，利用できる資源量に左右されると考えられる．

　また，性別による移動様式の違いも報告されている．ジェファーソンサラマンダー（A. jeffersonianum）とスポットサラマンダーでは，雌よりも雄が早く移動する傾向がある．この差異は，雄と雌の繁殖戦略の違いによると考

えられる．雄にとって最も重要な資源は雌個体であり，早い時期から雌を待ち構えることが有利である．一方，雌にとっては雄を見つけるために競争する必要がない時期により良い選択が可能になるし，また遅い時期の方がより安全に移動できると考えられる．このような雌より早い時期の雄の移動は，多くの無尾類（*R. luteiventris*, *R. clamitans*, *B. hemiophrys*, *B. microscaphus californicus*）でも報告されている．さらに，繁殖池に留まる期間の長さにも性別による違いがみられる．アメリカ東地域に分布するヒキガエルの一種（*B. fowleri*）では，雌は雄より遅い時期に繁殖池に現れ，産卵を終えるとすぐ水たまりを離れ採餌地に戻っていく．一方，雄はすべての雌が繁殖池に現れるまで留まり続ける．

移動時期の他に，移動距離も性別によって違う種がいる．北アメリカに広く分布するアカガエルの仲間（*R. luteiventris*, *R. sylvatica*）では，雄よりも雌の方が長い距離を移動する．この差異を生じる要因の1つは，身体的特徴の性差である．この種では雌よりも雄の体が小さい．そのため，少ない採餌量で生存が可能なので，わざわざ遠い採餌地まで移動する必要がないと考えられる．このほかに，繁殖池の近辺に留まることで，春に訪れる雌をより早く待ち受けることができるという利点も寄与していると考えられる．

6.5 爬虫類の移動

広い海洋を巡るウミガメ類の「移動」（回遊）はよく知られているが，その他の爬虫類の行動についてはあまり注目されず，研究報告もかなり少ない．爬虫類はワニ目，カメ目，ムカシトカゲ目，そしてヘビとトカゲからなる有鱗目の4目の動物群からなっており，ムカシトカゲ目を除く爬虫類で繁殖や索餌，越冬のための「移動」が報告されている．

6.5.1 ヘビとトカゲ（有鱗目）

ヘビ類とトカゲ類は有鱗目に属する（**図6.1**）．ほとんどの有鱗目の動物種は日常的な行動圏（home range）内で産卵をする．しかし，繁殖地または特定の産卵場所へ移動する動物種の存在も報告されている．

温帯地域に棲むヘビ類が行う採餌地域―越冬地域間の季節移動については多数の報告がある．越冬には多くの場合，南に面した地下の巣穴や岩の割れ目が利用される．越冬に利用される巣穴は，冬の寒さのみならず，天敵から身を守る手段としても重要である．なぜなら，外温動物では環境温度の低下が代謝率の低下に直結し，その結果，天敵からの逃避行動に制約を課されるからである．季節移動の様式には雌雄間の差異もみられるが，春になると越冬地付近で交尾をし，夏の採餌地域に向かうという点は共通である．また，両生類と同様に，ヘビ類も毎年同じ採餌地と越冬地を利用することが知られている．

　ガーターヘビやガラガラヘビの仲間は，一般に約 1～10 km 離れた越冬地に移動する．カナダ西部の大草原地帯に住んでいるガラガラヘビ（*Crotalus viridis viridis*）の移動について，小型の発信器を使った追跡調査で詳しい内容が報告されている[65]．平均移動距離は往復で約 8 km，最長では 53 km の距離を移動する個体も見つかっている．一方，米国南部のアリゾナ州に生息するガラガラヘビでは，これほどの大移動はみられない．カナダのガラガラヘビが長距離を移動する理由は，寒冷地であるカナダでは，冬眠に適した地中の巣穴が少ないためだと考えられている．

　熱帯や亜熱帯の暖かい気候に棲んでいるヘビでも季節的な移動が報告されており，この場合は温度ではなく水や餌の確保が理由だと思われる．たとえば，熱帯気候の北部オーストラリアに棲むニシキヘビの一種（*Liasus fuscus*）は，雨季になると，12 km も離れた高台に，彼らの主な獲物であるネズミの一種（*Rattus colletti*）を追いかけて移動する．また，同じ北オーストラリアに棲む水生ヘビの一種（*Acrochordus arafurae*）は，乾季には水深の深い場所に棲んでいるが，雨季になると氾濫により浸水した草原に餌を求めて棲み場を変える．

　産卵に適した巣穴を確保するために移動する例も報告されている．ヨーロッパヤマカガシ（*Natrix natrix*）やマサソーガ（*Sistrurus catenatus*）では，卵をもっている雌が，夏の採餌地域から 100～900 m 離れた，巣として利用できる場所に移動する．インド洋と太平洋に棲んでいるセグロウミヘビ

(*Pelamis platurus*) も繁殖のために長距離を移動することが報告されている．

　ヘビとは対照的に，トカゲの仲間は長距離移動に適していないようで，成熟後の生涯を，採餌，繁殖，冬眠の場所をすべて含む行動圏内で過ごす場合がほとんどである．しかし，大型のイグアナの仲間では例外的に長距離の移動が報告されている．パナマのガツン湖に浮かぶバロコロラド島に生息するグリーンイグアナ（*Iguana iguana*）の移動はよく研究されており，卵をもつ雌は営巣に適した島に泳いで渡る（平均 425 m，最大 1 km）．ガツン湖の各集団は同じ繁殖地域と採餌地域を繰り返し利用しており，同じ血縁関係にあることも明らかとなっている．他の種では，グラウンドイグアナ（*Cyclura* spp.）の雌が 6.5 km 離れた営巣地に移動する．また，ガラパゴス諸島のフェルナンディナ島に棲むガラパゴスリクイグアナ（*Conolophus subcristatus*）は，さらに長距離を移動する．この種は，島の低地にある採餌地域と標高差 1.4 km の活火山のカルデラ内の営巣地の間を移動し，その距離は 10 km にも及ぶ．

6.5.2　ワニ類

　ほとんどのワニ類は，巣を中心とした行動圏内に留まる．しかし，少ないながら季節的な移動が報告されている．ルドルフ湖のナイルワニ（*Crocodylus niloticus*）では，雌が適した営巣地を求めて島の間を移動することが報告されている．オーストラリアのイリエワニ（*C. porosus*）の雌は，乾季の間は非常に狭い範囲にとどまるが，雨季になると 62 km も離れた営巣地に移動する．

6.5.3　カメ類

　胴部にはっきりとした甲羅を構成するカメ類は，ワニ類および鳥類と共に単系統群を形成し（**図 6.1**），首を横にまげて甲羅に収納するタイプ（曲頸類）と垂直方向に S 字にまげて収納するタイプ（潜頸類）に大きく分かれる．曲頸類を含むすべてのカメ類は温度変化や餌の確保のために移動を行うと考えられているが，詳しい研究はスッポン類を除く潜頸類のカメに集中している．

陸生と水生いずれのカメ類も，温帯地域での極端な寒さや天敵から身を守るため，地下や水中に移動し，典型的な越冬休止期をおく．活動期と越冬期の間での移動距離は，0.1〜20 km の間で種によって異なる．アメリカの砂漠地帯に棲むサバクゴファーガメ（*Gopherus agassizii*）は，餌場から数百 m ほど離れた場所に共同で利用する穴を掘る．主に夜間に餌を食べるこの種は，日中の直射日光を避けるためにこの穴を利用するが，越冬にも同じ穴を利用している．

熱帯地域であるインド洋のアルダブラ島と東太平洋のガラパゴスの大型リクガメ（*Geochelone gigantean*, *G. nigra*）は，雨季による餌資源の増大に応じて内陸部から海岸地域へと移動する．北米産のニセチズガメ（*Graptemys pseudogeographica*）とアカミミガメ（*Trachemys scripta*）では，氾濫し餌が豊富に発生する湿地へ季節的に移動をする．

リクガメの中でも最大のガラパゴスゾウガメ（*G. nigra*）は熱帯に生息しているので，冬眠の穴はいらない．しかし，涼しい島内部の高地に広がる森林地帯で草を食べた後，産卵期になると暖かく卵を埋めやすいやわらかい土壌がある海岸に戻る．このように，遠く離れた別々の場所を採餌地と繁殖地として利用するため，長い距離を移動することになる．ガラパゴスには川がなく，点々と散在している池が貴重な給水地となる．このため，ゾウガメの移動にとって池は重要な要素となる．ゾウガメは，きわめて詳細な認知地図をもっているようで，最初に目指した池が干あがった場合，次に向かうべき池を正確に記憶している．

自身が生まれた場所を産卵場所として毎年利用する現象はカメ類でも多くみられ，たとえば，テネシー州リールフット湖に生息するミシシッピチズガメ（*Graptemys pseudogeographica kohnii*）は，親世代から同じ産卵場所を引き継いで利用することが確認されている．

広い海洋におけるウミガメ類の長い移動軌跡は，爬虫類の「移動」のなかで最も有名であり，多くの研究報告がある．孵化して海に飛び出した子ガメは海流に乗って餌の豊富な外洋の海域にたどり着き，3〜7 年の成長期を過ごす．その後，沿岸海域に集まって成熟個体へと成長する．繁殖期になると

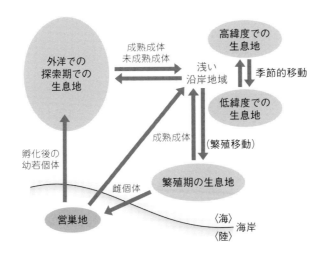

図 6.3　ウミガメの一般的な生活史と移動様式
ウミガメの種によって移動様式の組み合わせは多様化する．

より沿岸に近い海域に移って交尾し，雌は海岸に戻って産卵を済ませてから再び沿岸の採餌海域に向かう．沿岸海域でのウミガメの移動は種によって特徴的なものが報告されている（図6.3）．アメリカの東海岸に棲んでいるケンプヒメウミガメ（*Lepidochelys kempii*），アカウミガメ（*Caretta caretta*），アオウミガメ（*Chelonia mydas*）は海域の温度や餌利用度に応じた季節的な移動を示す．それらは，春と夏には北の水域へと移動し，晩秋に水温が下がるとメキシコ湾流の西側に沿って南へと移動する．最近の衛星追跡研究により，アカウミガメとアオウミガメの幼若個体が冬の時期に外洋へと移動することが示されている．

日本の沿岸で産卵するウミガメとして，アオウミガメ，アカウミガメ，タイマイ（*Eretmochelys imbricata*）が知られている．アカウミガメは，太平洋，大西洋，インド洋など，広い海域に分布するが，北太平洋の産卵場所は，南日本の砂浜だけである．日本で生まれたアオウミガメの移動については，名古屋港水族館の調査内容があり，基本的な移動様式は他の地域のカメの報告と類似している．愛知県田原市の表浜海岸で孵化した子ガメは，黒潮によっ

て太平洋の沖へと運ばれ，北太平洋中央部の暖流と寒流が交り合う餌の豊富な水温20℃ほどの海域で成長する．その後，日本の近海に戻り，海底の餌を食べながらさらに成長し，成熟成体となる．

6.6　移動に必要な空間記憶と感覚機能

これまで述べてきた両生類と爬虫類の「移動」からは，これらの動物群が生まれた場所や探索したことのある場所を正確に認知し，数年経過した後も正確にたどり着く能力をもつことが強く示唆される．このことから，両生類と爬虫類もヒトや他の脊椎動物と同じく，ある種の**空間記憶**をもち，探索時期に経験した環境の**認知地図**を作り上げることで熟知地域をもつようになると考えられる．この際，両生類と爬虫類は，嗅覚，視覚，地磁気，そして聴覚を総動員して地図を作り，時期と方向を決めることで，安定した航行能力を発揮すると考えられる．

ウミガメが外洋での長期間の回遊の後に生まれた海岸にどのような方法で正確に戻ってくるのかについては，かなり研究が進んでいる．アカウミガメとオサガメ（*Dermochelys coriacea*）が地球の**磁場**に非常に敏感であり，自分の位置情報を感知していることが以前からわかっていた．最近，アカウミガメの営巣地が微妙な**地磁気**の変化とともに移動していることが明らかとなった[6-6)]．このことは，ウミガメが地磁気を頼りに営巣地を探し出していることを意味し，生まれた場所の磁気特性を刻印づけによって記憶することが強く示唆される．

におい物質の地理的分布が利用される可能性についても議論されている．大西洋のアセンション島で産卵するアオウミガメの研究結果から，この種は非常に高い精度で**航路**を決定する能力をもっていると考えられている．アセンション島の周りには餌場がないため，アオウミガメは大西洋を越え2200 km西方のブラジルの沿岸に向かう．しかしこの島の直径はわずか8 kmで，大西洋の中で見つけるのにはあまりにも小さい．この奇跡のような航路を決定する要素として，表層流のにおいが挙げられている．アセンション島からブラジルの餌場に向かう表層流には，島特有のにおい物質が含まれている．

アオウミガメは，この表層流のすぐ下を逆方向に流れる赤道逆流に乗って島へ向かうが，呼吸をするため周期的に海面に出る際に表層流のにおいを嗅ぎ，それをたどることで正確な航海を可能としていると考えられている．

両生類でもイモリやカエルでにおいによる移動が報告されている．においが嗅げなくなったニホンヒキガエルは，池の方角がわからなくなることが報告されており，繁殖池から採餌地や越冬地に至るまでの場所のにおいを順に記憶し，それを逆にたどって繁殖池に戻ると考えられている．一方で，雄が発する種特有の鳴き声により産卵場所に引き寄せられるという説もあり，複数の因子が組み合わさって移動方向が決定されるようである．

6.7 おわりに

本章ではまず，脊椎動物が陸上進出を成し遂げた過程を考察するうえで，陸上進出の過渡期にあたる両生類と爬虫類という動物群の「移動」が鍵となることを述べた．また，現生の両生類・爬虫類で報告されている「移動」についても可能な限り取り上げ，その背景には「資源の獲得」が共通にあることを示してきた．

残念ながら，どのような内分泌機構が両生類・爬虫類の「移動」を支えているかは，現在のところほとんどわかっていない．これはひとえに，両生類・爬虫類の生理学が初歩的な段階にとどまり，1980年代後半以降飛躍的に発展した分子生物学的な実験手法が十分活用されていないことによる．しかし，明るい兆しもある．2010年代に起きたシーケンシング技術の革新によって，より速く，安価にゲノム解読が実現し，両生類や爬虫類を含むさまざまな動物の遺伝子情報が入手可能になった．今後，こうした情報を活用していくことで，両動物群の「移動」現象が分子レベルで明らかになると期待される．それにより，脊椎動物の進化と環境適応について，より理解が深まるのは間違いない．

2015年7月，環境省が侵略的外来種であるミシシッピアカミミガメ（*Trachemys scripta elegans*）の対策に本腰を入れると発表した．日本国内ではこの他にも，オオヒキガエル（*Rhinella marina*）やグリーンアノール（*Anolis carolinensis*）などの侵略的な両生類・爬虫類が猛威をふるっている．こうした外来種の駆除は，採餌や繁殖にともなう移動行動を正確に把握することで効率よく進めることができる．今後，両生類・爬虫類の移動現象の解明が進めば，生態系保全のプロジェクトにも大きな貢献ができるだろう．

コラム 6.1
ボディプランとエネルギー代謝からみる移動力の獲得

　本文で述べたとおり，大規模な移動は両生類と爬虫類では稀な現象である．一方，同じ四肢類でも哺乳類と鳥類では長大な距離の移動がみられる．これは，なぜだろうか．

　現生の両生類と爬虫類は，大腿骨と上腕骨が胴体の横を向く「がに股」構造の肢をもつ（**図 6.4**）．この構造をもつ動物は，歩行中に胴体が左右にくねって肺が圧迫されるため，運動中に呼吸することができない[6-7]．また，胴体が甲羅でおおわれるカメ類は胴体がくねることはないが，手足を甲羅に出し入れすることで胸腔内部の圧を変化させて呼吸する[6-8]．そのため，呼吸はやはり運動により制約される．一方，哺乳類と鳥類は大腿骨と上腕骨を胴体の真下に伸ばし，直立歩行をする．これにより胴体が常にまっすぐに保たれ，運動と呼吸が両立する[6-7]．

　この違いは，エネルギー代謝の効率化をもたらしうる．動物は，ATPをエネルギー源とする骨格筋の収縮によって運動する．「がに股」の両生類やトカゲの骨格筋は，運動にともなうATP需要の60〜80％を解糖系によって産生する[6-9]．解糖系は無酸素下でも進行するため，運動中に呼吸ができない動物に適する反面，ATP産生効率が低いという欠点がある（グルコース1分子あたりATP2分子）．一方，運動中に呼吸ができる哺乳類や鳥類は，酸素供給下で進行する好気呼吸に依存することができる．好気呼吸はグルコース1分子あたり30分子以上のATPをつくる低燃費，高効率の反応系で，長時間（すなわち長距離）の運動に適している．事実，哺乳類[6-9]や渡り鳥[6-10]の骨格筋は，ATP需要の大半を好気呼吸によって満たしている．このことから，哺乳類と鳥類は好気呼吸への依存を可能とするボディプランの獲得により，移動力を大幅に引き上げたと考えられる．

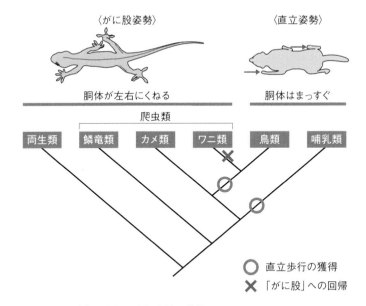

図 6.4 四肢類の進化と歩行姿勢の獲得
「がに股」姿勢で歩行する両生類と鱗竜類，ワニ類の爬虫類は，運動中に胴体が左右にくねって肺を圧迫する．また，カメ類は甲羅でおおわれた可動性のない胴体をもち，甲羅に出入りする手足の動作により胸腔内圧を変化させて呼吸する．これらの動物の呼吸は運動により制約を受ける．一方，直立歩行する哺乳類と鳥類の胴体は常にまっすぐに保たれるため，呼吸しつつ運動することができる．

ところで，爬虫類のなかでもワニ類は興味深い特徴をもつ．現生のワニ類は，直立歩行をしていた祖先種から二次的に「がに股」に回帰したことが化石証拠から示唆されている[6-7]．また，ATP 産生を解糖系に依存すると考えられてきたが，日常的に長距離を移動する（イリエワニ *Crocodylus porosus* は日常的に 20 km 以上を遊泳する）ことが明らかになり，好気呼吸の重要性が見直されている[6-11]．さらに，二心房二心室構造の心臓[6-8]と，横隔膜様の機能を有する構造が存在し[6-8]，「がに股」動物の中でも効率的な酸素供給が推測される．こうした複雑な事情を考慮するに，彼らの移動力を明らかにする上では，形態と生理，生態をひっくるめた包括的研究が必要なように思われる．

6章 両生類と爬虫類の移動

6章 参考書

石居 進（1997）『カエルの鼻』八坂書房.

Baker, R. (1980) "The Mystery of Migration", Macdonald Futura Books, London.（訳：桑原萬寿太郎（1983）『図説生物の行動百科－渡りをする生きものたち』朝倉書店）

Danchin, E. *et al.* (2008) "Behavioural Ecology", Oxford Univ. Press, Oxford.

Dingle, H. (2014) "Migration, the biology of life on the move", Oxford Univ. Press, Oxford.

Elewa, A. M. T. (2005) "Migration of Organism", Springer, New York.

Flatt, T., Heyland, A. (2012) "Mechanisms of Life History Evolution, the genetics and physiology of life history traits and trade-offs", Oxford Univ. Press, Oxford.

Southwood, A., Avens, L. (2010) J. Comp. Physiol. B, **180**: 1-23.

6章 引用文献

6-1) Baillie, J. E. M. *et al.* (2010) "Evolution Lost: Status and Trends of the 590 World's Vertebrates" Zoological Society of London, London.

6-2) Crawford, N. G. *et al.* (2015) Mol. Phylogenet. Evol., **83**: 250-257.

6-3) Fricke, H. C. *et al.* (2011) Nature, **480**: 513-515.

6-4) Bell, P. R., Snively, E. (2008) Alcheringa, **32**: 271-284.

6-5) Jørgensen, D. *et al.* (2008) "The Biology of Rattlesnakes", Hayes, W. K. *et al.* eds., Loma Linda Univ. Press, California. p. 303-315.

6-6) Brothers, J. R., Lohmann, K. J. (2015) Curr. Biol., **25**: 392-396.

6-7) Benton, M. (2014) "Vertebrate Palaeontology", 4th Edition, Wiley-Blackwell, Hoboken, New Jersey.

6-8) Vitt, L. J., Caldwell, J. P. (2013) "Herpetology: An Introductory Biology of Amphibians and Reptiles", Fourth Edition, Academic Press, Waltham, Massachusetts.

6-9) Gleeson, T. T. (1991) J. Exp. Biol., **160**: 187-207.

6-10) Meléndez-Morales, D. *et al.* (2009) Mol. Cell. Biochem., **328**: 127-135.

6-11) Grigg, G., Kirshner, D. (2015) "Biology and Evolution of Crocodylians", 1st Edition, Comstock Publishing Associates, New York.

7. 鳥類における渡りの生活史段階の制御

John C. Wingfield, Marilyn Ramenofsky [*7-1]

(訳・浦野明央)

　鳥の渡りには，繁殖地に向かう春の渡り，越冬地に向かう秋の渡り，緊急事態を避ける偶発的な渡りの3つの型がある．それぞれの渡りの生活史段階は，渡りのための準備相，渡りが可能な成熟相，渡りを終える終止相の3つの相からなり，各相は生活史段階ごとに複数の過程からなっている．渡りの内分泌機構は，3つの型の間に共通する過程，とくに飛行に密接に関わる過程で似ており，コルチコステロン，甲状腺ホルモン，プロラクチンが重要な調節上の役割を果たしている．一方，それぞれの渡りの型ひいては過程には特徴があり，特有のホルモン制御機構があるが，制御機構は，種，地域，年によって変わる環境要因などにも影響される．

7.1　はじめに

　多くの動物群が定期的な，あるいは不規則な間隔の「**移動**」を経験する．移動する距離は，ある種の両生類の数mというものから，ある種の魚類やウミガメ，海産哺乳類および鳥類に見られるような数千kmに及ぶものまで多様である[7-1〜7-4]．鳥類の**季節的な渡り**は，決まった2つの地域の間の定期的な移動であり，通常は年2回見られる．一方，しばしば**乱入**（irruption）と呼ばれる突然の渡りは，食物の減少，洪水，荒天のような災難による突然の集団の移動である．乱入，より適切には偶発的な移動は，平静状態に戻る

[*7-1] JCWとMRの両者は，全米科学財団からの一連の研究補助に感謝する．JCWはまた，カリフォルニア大学デーヴィス校の生理学部門における寄付講座にも感謝する．

7章　鳥類における渡りの生活史段階の制御

ために新しい環境を見いだすまでの，予測できない方角への個体群の移動に終わる[7-5]．しかし，本来の，すなわち暦上の渡りは予測できるもので，生物学者の多大な興味をひいてきた．この章では両方のタイプの渡りを取り扱う．

　鳥類は，その飛翔能力によって，しばしば数十万もの個体からなる巨大な群れを作ることも含め，壮大な渡りを見せる（図7.1）．移動している群れは，月明かりの下で見ることも，レーダーで追うこともできる[7-6～7-8]．これらの追跡法により，環境要因に起因する飛ぶ方向の変化を捉えることもできる．キョクアジサシ（*Sterna paradisea*）など何種かの鳥は，往復で3万kmにもなるであろう旅をするが，これは人が1年間にドライブする距離の平均の3倍以上にもなる．他の種は，野や山を越えて数百kmの，あるいは大陸

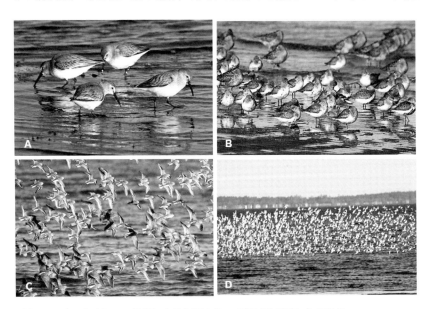

図7.1　鳥，とくにこの写真にある海辺の鳥，の渡りは壮観になり得る
A：燃料補給のために摂食しているハマシギ（*Calidris alpina*）．B：渡りの飛行の前と直後の睡眠はたいへん重要である．この時，同化から異化（またはその逆）への変換が起こるとともに，特定の器官が崩壊あるいは再構成される．このハマシギのような海辺の鳥は小さな群れ（C）をつくり旅立つが，ずっと大きな群れ（D）をつくり数百から数千kmを渡ることもある．（写真：J. C. Wingfield）

間の渡りを見せる.

　渡りの経路は，おおむね始めは広い地域にまたがっているが，鳥が繁殖地に近づくにつれて収束し，秋の渡りにはその逆となる．この主要な渡りの経路は**繁殖地—越冬地間経路**（flyway）と呼ばれており，世界的には8つの経路が知られている．ある種の鳥は越冬地と繁殖地を結ぶ決まった経路をたどるが，「渡りの経路」あるいは「繁殖地−越冬地間経路」という用語は，個々の鳥の正確な経路ではなく，集団による一般的な経路を指している．この繁殖地−越冬地間経路には，「立ち寄り，休息し，エネルギーを補給する」ための良好な採餌場が数多くあるが，一方で，もしあったとしても僅かな中継地しかない山岳地帯や砂漠，広大な海洋のように，鳥にとって重大な障壁となるような場所を経由する渡りもある．これらの障壁を克服するために，鳥類がさまざまな渡りの戦略を発達させてきたことは，驚くべきことではない．

7.2　なぜ鳥は渡るのか

　鳥だけでなく，動物一般が，おおむね**生殖**，**資源の獲得**および**生存**のために「移動」する．それらは，夏の間は高緯度および高地の豊富な食物を利用し，冬の何か月かは温暖な気候帯に戻る．種によっては脱皮や換羽(かんう)のための安全な隠れ場所（safe haven）を求めたり，1年のある時期に優勢になる捕食者を避けたりするために移動する．鳥類の年2回の渡りは主に**春**と**秋**に起きるが，それは繁殖期の前と後の移動である．熱帯の種では，この移動が，春と秋ではなく，雨季と乾季の影響下にある[7-2, 7-9〜7-11]．2つの季節的な渡りは同じ距離の旅であるが，往きと帰りの経路は大きく異なるだろう[7-12,7-13]．驚くまでもなく，渡りのための形態，生理および行動上の**適応**として起こる複雑な生物現象は，ホルモンによる制御機構の入り組んだネットワークによって調節されている．そのいくつかは，春と秋，両方の渡りに共通しているが，いずれかの季節の渡りに特徴的な制御機構もある[7-9〜7-11, 7-14, 7-15]．

7.3　渡りを支える生物現象

　渡りは，消化器官が地域的な飲食物の変化によく対応するように，筋組織

や脂肪組織の**形態的**および**生理的な変化**をともなう[7-16〜7-19]．このような変化は代謝，成長および浸透圧調節に影響を与える．過食や歩行，遊泳，飛翔などの運動自体というべき**行動**の過程もまた渡りの生活史の各局面に不可欠な要素である[7-14, 7-20]．春（往）と秋（復）の渡りの各局面は同等ではないが，以下のようにいくつかの共通点がある[7-14]：

7.3.1 原動力（筋組織）と持続的な動き

長距離を渡る鳥では，飛翔装置，とくに飛翔に携わる**胸筋**と脛骨足根骨に付着する**骨格筋**の大きさは，渡りの期間を通して変動する[7-21〜7-24]．長距離を渡る鳥の多くは，出発に備えて，これらの筋組織[7-25, 7-26]と**心臓**[7-27〜7-29]が肥厚して重くなるという形態上の柔軟性を見せる．

7.3.2 燃料源と力強い運動

エネルギー源（燃料源）として，**脂質（脂肪）**，**タンパク質**，**ケトン体**および**炭水化物**などが飛翔を支える[7-30, 7-31]．鳥類では，生化学的な変換系が，これらのエネルギー源を集めて代謝活性の高い組織（たとえば，心臓，骨格筋および脳）に配送している．胃，腸，砂嚢，肝臓，腎臓といった**同化作用**を支える器官は，燃料補給の間は大きくなるが，摂取と消化の能力が低下する離陸と飛行にともない小さくなる．ただし，これらの退縮した不活発な器官も，必要な場合には燃料の供給源となり得る．他にも，心臓，筋肉および付随した器官が，移動を開始する前に肥厚し，渡りの期間中は**異化作用**により縮小する．この縮小で（飛行によって運ぶべき）荷重が減るとともに，**アミノ酸**の脱アミノ化と分解に由来する中間産物という形で燃料が供給される．さらに，飛行筋の小胞体中に貯蔵されている可溶性のタンパク質が，脂肪酸の酸化の中間体と同じように，異化作用のためのアミノ酸の供給源となる[7-24]．

7.3.3 中継地での燃料補給

渡りは，中継地で蓄えを補充するために，しばしば中断される．そこでは，

燃料の補給と飛行に対応した**過食/脂肪蓄積**と**摂食/非摂食**を制御するしくみ（オンとオフ）の入れ代わりが起こる．

7.3.4　内在性の航行システムと地図

「移動」において，すべての動物は，最初に正しい方向を定め（**定位**），次いでその方向を保持しながら移動する（**航行**）[7-3, 7-4, 7-32]．渡り鳥の定位には4つの一般的な方法がある．1つ目は，**コンパス**による決まった方角への定位あるいは移動で，目的地を示す目印を感知する能力に依存する．その例は，**地磁気**，**太陽**あるいは**星**を指標とするコンパスであろう．2つ目は，局地的で信頼性の高い目印を用いて目的地の方向を定め導くことで，その目印になるのは恒久的な**地形**，特徴的な**光景**，あるいは渡りの経路に特有の**におい**である．3つ目は，本来の航路決定で，渡りをする個体が熟知していない目的地の相対的な位置関係を，遺伝的にあるいは経験によって作った**脳内の地図**によって決める方法が含まれる．4つ目は「**帰巣**」，すなわち生まれた場所あるいは（伝書鳩などの）ねぐらといった特定の場所への移動である．目的地近くに到達すると，局地的な目印に対して微調整を行うしくみが働くようになり，繁殖地あるいは越冬地の特徴を確かめる．

7.3.5　タイミングを調節するしくみ：体内時計

渡りは季節と日周性にもとづいて起きるので，正確な時間の調整（タイミング）が重要である．渡りの距離にかかわらず，渡り鳥は計時機構，すなわち**生物時計**を必要としている[7-33, 7-34]．限定された期間にしか入手できない食物を手に入れ，繁殖期に遅れずに到着し，良好な行動圏を見つけ，また，早く着きすぎて厳しい気候に会うのを避けるためにも，身辺の環境や渡りの経路上の変化，そして目的地の予測可能な変化を見積もるのはきわめて重要である．それだけでなく，渡りの生活史の各段階の進行は，燃料の蓄積と利用を高めるため，1日（昼夜の変化）という時間とマッチしていなければならない．渡りを正確に行うためには生物時計が必須であり，時計がないと，環境要因に対応した正確な位置の確認も著しく損なわれる[7-14]．

7章　鳥類における渡りの生活史段階の制御

これらの理由から，内在性の生物時計は，決まった季節に，個体に渡りの開始と定位，どこからどこまで行くのかのタイミングを決めさせるとともに，日々の問題では生活史の各段階の進行（たとえば，燃料の補給と飛行）を決めさせる．旧世界ムシクイ類（Sylviidae）のように赤道を越えて渡る多くの種は，内在性の**概年時計**（およそ1年を計時する）を用いて，渡りの生活史の各段階を適切な季節に合わせるとともに，生殖，換羽および越冬のような他の生活史の過程とすりあわせる[7-33, 7-35, 7-36]．渡りの定位にさえも概年的な要素があることが示されている[7-39]．他の種では，概年時計があまり強くなく，年間の日長（日周期）の変化の影響が渡りの過程を進行させる．日々の燃料補給と移動行動の切換えは，おそらくより強く**概日時計**の制御を受けている[7-37, 7-38]．

7.3.6　特定の欲求の調整

個体が水を飲まずに長距離を渡る場合は，少なくとも水を保持するための**浸透圧調節**が必要である．脂質の酸化はCO_2と水を生じ，後者が水平衡に寄与し得る[7-20, 7-31, 7-40]．タンパク質の異化も水を供給するが，窒素を尿酸へ変換することによって毒性を減少するしくみがうまく働かなければ，窒素平衡を乱して体に負の影響を及ぼす．これはグリシン，アスパラギン酸およびグルタミン酸からのプリン環の生成を含み，最終産物である尿酸は排出に水をほとんど必要としない濃厚な沈殿物である．

ある種の渡り鳥は，厳しい気温の時に高緯度地帯や高地に入り，**体温調節**によるエネルギーの損失を減らすために羽毛や脂肪層などを変化させる．それによって，移動そのものにエネルギーをより多く使うことができる．連続的な運動により発生する熱による過熱も問題になり得る．それを避けるため，多くの鳥は息を荒くするとともに，より涼しい状態を求め飛ぶ高度を上げる．

鳥の渡りは**社会行動**の大きな変化をともなう．たとえば，渡りの前は縄張りをもっていた個体が，渡りのために群れをつくる．このような群れの形成は一般的で，いくつかの例が北半球のツル，ガンおよびハクチョウの血縁集団に広く見られる．種によっては，生活史のいくつかの段階で群れをつくる

ものの，渡りの時にはそれを壊す，すなわち，群れの構成員が個々に渡るものもいる．渡りにともなうこのような社会構造の調整機構はほとんどわかっていない[7-41]．

　高い所を長時間にわたって渡る時には，**呼吸機能**を高めるために，血中のヘモグロビンや赤血球の増殖，筋中のミオグロビンなどを調節する必要がある．渡り鳥のミヤマシトド（*Zonotrichia leucoprhys gambelii*）では，春と秋，両方の渡りの時期にヘマトクリット値（赤血球体積／血液体積）が増加するが，これは渡りの間のエネルギーおよび酸素の要求量の増加に対応して順応するためだと考えられている[7-42, 7-43]．

7.4　渡りの生活史段階

　渡りの進行には，明らかに，複雑で相互に関連した，形態，生理および行動の変化の統合が必要である．**有限状態マシン**（finite state machine，限られた数の状態の間を遷移する機構）という概念は，鳥類の多様な渡りのパターンを理解するのに有効である[7-14]（**図 7.2**）．**留鳥**(りゅうちょう)（resident bird）はまったく渡りを見せない（**図 7.2 囲み 1**）．囲み 2 は，春と秋の渡りの**生活史段階**をもつ典型的な渡り鳥を示している．このグループに入る鳥類のなかには，渡りをするものとしないものがいる不完全な渡りのグループもいるだろう．囲み 3 は，付加的な換羽のための渡りをともなう渡り鳥の例を示している．囲み 4 は，（不測の出来事に反応した）**偶発的な渡り**がどの生活史の段階でも引き起こされ得ることを示している．ひとたび不測の出来事が通り過ぎれば，個体は正常な生活史の適切な段階に戻る．通常は渡りをしない鳥でも，必要な時には偶発的な渡りを見せる[7-14]．

　渡りの生活史段階には 3 つの明瞭な相がある．それぞれの相は，複数の過程からなり，生活史段階の制御機構を考えるのに有用である．春と秋の渡りの 3 つの相を**図 7.3** に詳細に示す[7-14, 7-15]．渡りの 3 つの相は大きな点線の枠で示し，各過程は細字あるいは太字と対応する矢印で示してある：

(1) 発達相の各過程は，筋の発達や脂肪の蓄積，および代謝やヘマトクリットの増加に関連した遺伝子の発現や形態，そして生理現象の変化である[7-14]．

7章　鳥類における渡りの生活史段階の制御

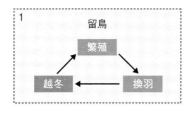
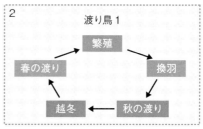
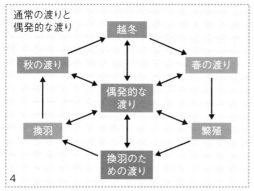
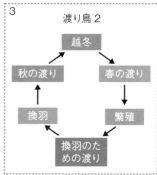

図 7.2　異なった型の渡りの有限状態マシン説による表現
　囲み1：留鳥．まったく渡りがない．囲み2：春と秋の渡りの生活史段階をもつ典型的な渡り鳥．いくつかの群れは，渡りをする個体としない個体からなる不完全なものである．囲み3：換羽のための付加的な渡りを見せる渡り鳥．囲み4：（不測の事態に応答した）偶発的な渡りで，どの生活史段階からも誘発され得る．不測の事態が通り過ぎると，個体は正常な生活史の適切な段階に戻る．留鳥も偶発的な渡りを起こすことができる．

これは「**渡りの準備（Zugdisposition）**」をしている状態で，渡りが可能な成熟相（下記）に向かう段階としても知られている．
(2) 渡りが可能な**成熟相**では，個体は過食による燃料の補給と脂肪の蓄積および飛行にともなう器官の大きさの変化が起こる．この相（図7.3）では，目的地に到着するまで，中継地における燃料の補給と飛行というサイクル（大きな矢印）が何回か繰り返される[7-14]．渡り鳥と留鳥の間の多くの違いは遺伝的である．渡りをしない鳥でも夜間の活動レベルがいくらかは上昇し得るが，それは渡り鳥の「**渡りの衝動**（migratory restlessness または

7.4 渡りの生活史段階

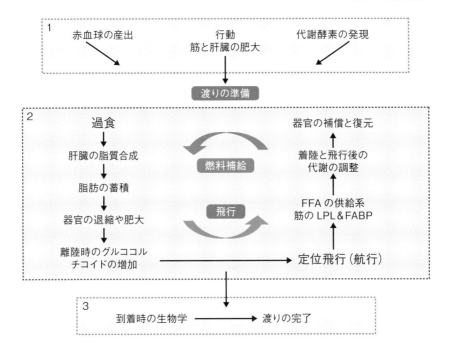

図 7.3 春・秋の渡りの生活史段階の 3 つの相とそれらを構成する過程
渡りの 3 つの相は点線で描いた大きな囲いで明示した．1：発達相，2：成熟相，3：終止相．囲い内にそれぞれの相を構成する過程を列挙する．(1) 発達相：遺伝子発現，形態および生理の変化からなる．(2) 成熟相：個体が過食および脂肪の蓄積による燃料補給のための同化過程と器官の大きさの変化を開始する．それに渡りの飛行行動と飛行における異化過程が続く．目的地に到着するまで，中継地における燃料補給と飛行のサイクル（大きな矢印）が複数回繰り返される．(3) 終止相：目的地が近づくと，到着時の生物学によって終止相が始まる．なお，目的地が近づいても，状況が繁殖あるいは越冬に適切になるまで渡りは完了しない．FFA：遊離脂肪酸，FABP：脂肪酸結合タンパク質，LPL：リポタンパク質分解酵素．

Zugunrhue)」よりは弱くまた持続時間も短い[7-41, 7-44, 7-45]．両者のかけあわせで得られたハイブリッドは中間的な渡りの衝動を見せる[7-36, 7-46]．
(3) 終止相（termination phase）は，目的地には近づいたが，環境条件が繁殖あるいは越冬にとって適当になるまでは渡りが完結しない，という**到着時の生物学**（arrival biology）から始まる[7-14, 7-47, 7-48]．渡りが完了すると，過食

7章　鳥類における渡りの生活史段階の制御

の傾向，すなわち食欲亢進状態も終了する．図7.3にある項目の解析は，渡りの過程とその制御に的を絞るのにたいへん重要である．

7.5　渡りを調節するホルモン

一般に，北半球の鳥による渡りの開始と調和は，**日長（光周期）**と内在性の**概年リズム，温度，食物，天候，体の状態，社会的要因**などの変化によって調節される（図7.4）．これらの環境要因は中枢神経系内で感知され，渡

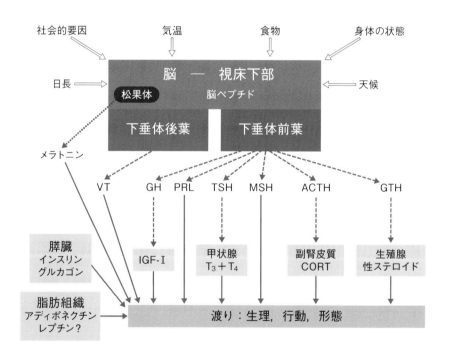

図7.4　鳥類の渡りにおけるホルモン作用の概略
詳細は本文参照．VT：バソトシン，GH：成長ホルモン，PRL：プロラクチン，TSH：甲状腺刺激ホルモン，MSH：黒色素胞刺激ホルモン，ACTH：副腎皮質刺激ホルモン，GTH：生殖腺刺激ホルモン，IGF-I：インスリン様成長因子-I，T_3：トリヨードチロニン，T_4：チロキシン，CORT：コルチコステロン．（引用文献7-3, 7-9, 7-11, 7-14, 7-36）

りの準備を開始させるホルモンの変化を生ずる．図 7.4 の中の白抜きの矢印は環境要因の働きを示し，破線の矢印は上流に位置する**神経内分泌系**および**内分泌系**のホルモンを表している．これらのホルモンは，渡りの調節に関わることが知られているか，その可能性があるとされているものであるが，渡りの生活史段階の各過程に直接的な影響を与えない．実線の矢印は神経内分泌系および内分泌系のホルモンで，受容体を介して渡りの各過程を直接的に調節している．なお，春と秋の渡りのそれぞれを調節する特異的な内分泌機構が明らかになっていると決して言えないことに注意しておくのは重要である．それぞれのホルモンの想定されている役割は以下の通りである：

プロラクチン (PRL)：体液浸透圧の高浸透調節（淡水と海水の間の移動），脂肪蓄積．

性ステロイドホルモン：去勢は春の肥満を妨げるが，秋のそれには影響しない（7.6.4 項参照）．さらに，渡りが始まる直前の 2 月に**テストステロン**を投与すると肥満するようになる．この時期に，血中のテストステロン濃度も一過性に高まることに注意して欲しい．テストステロンは雌における春の肥満の促進にも有効で，卵巣除去が雄の去勢と同じ効果をもつので，卵巣起源と思われる（例，ミヤマシトド）．**エストラジオール**はまったく効果がない．

甲状腺ホルモン：代謝に関わり，春と秋，両方の渡りに重要だと思われる．

成長ホルモン (GH) とグルココルチコイド：エネルギーの備蓄，とくに脂肪の動員に重要である．

アドレナリン：渡りの飛行を引き起こすとともに，それに反応して分泌されるようである．

インスリン，グルカゴン，副腎皮質刺激ホルモン放出ホルモン (CRH)，コレシストキニン (CCK)：渡りに備えるための摂食の調節に重要である．

松果体とメラトニン：夜間のメラトニン分泌の上昇には，春と秋の渡りを調節する役割があるだろう．

アディポネクチン：飛行の開始や燃料補給といった行動に影響する体の状態を伝える可能性がある，脂肪組織からの信号．

神経ペプチド（ニューロペプチド Y（NPY），アグチ関連タンパク質（AGRP），

その他）：飛行に先立つ摂食（過食）と満腹感を調節する．

渡りに関連する形態，生理および行動の特質を，ホルモンがどのように調節し統合するかという具体的な例は以下に述べる．

7.6　春の渡り

7.6.1　春の渡りの生活史段階

春と秋の渡りは，それらの進行過程を見る限り同じように見えるかもしれない．しかし，有限状態マシンという考え方（図 7.2）は，それらのしくみには違いがあることを示唆している．移動する距離は同じでも淘汰圧（選択圧）とそれによってもたらされる戦略が異なるのである[7-49, 7-50]．

春と秋の渡りはいずれも多くのエネルギーを必要としており，エネルギー源となる脂肪を蓄積する器官が同じである[7-51〜7-53a, 7-54, 7-55]．脂肪は，高カロリーで加水分解により水を生ずるので，理想的な貯蔵媒体である．海や砂漠を越え休まず長い距離を飛ぶ種では，渡りの始めの脂肪の蓄積が体重の50〜70%にもなる[7-56]．何種類かの海鳥では，陸地あるいは海洋を越える渡りが，蓄えを補充するためにしばしば中断される．渡りが終わった後では，大部分の種で見られた過食が低下し，脂肪の蓄積が減る．すなわち，脂肪組織中の脂肪の増加とそれをもたらす過食は，渡りの前の行動として必要な「渡りの準備」[7-57a]であり，研究されてきた大部分の種においてプログラムされた生理的現象であると思われる．

春の渡りは，生殖腺が発達し生殖に関連するホルモンの分泌が増加する生活史段階の発達相に先だって，あるいはその相と重なるようにして始まる．対照的に，秋の渡りの行動は，繁殖期が終わり，生殖腺がまったく不活発な状態にまで退縮した後に始まる．つまり，生殖に関連するホルモンの血中濃度が最低限の基礎量になった時に，秋の渡りが起きる．春の渡りと秋の渡りは，いずれも過食，脂肪の蓄積および長距離飛行を必要としているが，2つの渡りの生活史段階の間には，各過程を制御し進行するタイミングを調節する要因に違いがあるのだろう[7-9]．

渡りの概年リズムと内在性の周期を計時する過程が，1年のうちのある時

期には異なった環境に生息する種について初めに想定された[7-57b, 7-58]．多くの熱帯に定住する種や，高緯度地域で繁殖し，赤道近くで冬を越す渡り鳥がこれに当てはまる．アフリカの赤道地帯で冬を越すムシクイ（*Phylloscopus trochilus*）がよい例である．赤道地帯は光周期が一定なので，いつ渡りに備えて過剰に摂食し，太り，渡るのかというきっかけは提示されない．しかし，これらの現象は，毎年まったく同じ時期に起きる．12L：12D（12時間明期：12時間暗期）という光周期下で飼育したムシクイは，渡りの肥満と渡りの衝動のリズムを明らかに示す．渡りに関わるこれらの生理的および行動的変化の**自由継続周期**（free-running period）は，1年よりいくらか短いので概年性であるとされている[7-59]．ムシクイの内在性の計時機構は，より北寄りの緯度帯で冬を越すチフシャフムシクイ（*P. collybita*）やニワムシクイ（*Sylvia borin*），ズグロムシクイ（*S. atricappilla*）などのそれよりは強固なようである[7-59]．概年リズムは，年周期や光周期のような**同調因子**（Zeitgeber）と呼ばれる外的因子に同期しなければならない[7-38]．繁殖地の日長の変化が，ある一年の概年リズムを同調させるのに十分であるかもしれない．一方で，渡りの距離や方向（経路の変更も含む）も遺伝的に決められることが，最近の研究から示されている[7-53b]．

赤道地帯以外で冬を越す種，とくに中緯度から低緯度帯で冬を越すものでは，春になって日が長くなることが，春の過食，渡りに備えた肥満，そして渡りそのものを引き起こすのであろう[7-54, 7-60, 7-61]．ミヤマシトドでは，（繁殖期前の）代羽への換羽が完了したすぐ後に，光周期によって誘起された過食が始まり，渡りの前とその途中の脂肪蓄積が起こる[7-52]．この時期にはヘマトクリット値も増加する[7-62]．この時期には，長期間の飛行のため，エネルギーの蓄えを多量に動員する必要があり，血液の酸素運搬能が増加するのは明らかに適応的であると思われる．

7.6.2 春の渡りを調節する内分泌機構

これまでの50年間に発表された多くの論文は，春の渡りの調節における**甲状腺ホルモン**の役割を示している[7-9]．ミヤマシトドでは，春の渡りの真

最中の4月に**チロキシン**（T_4）の血中濃度が増加するが，定住性のイエスズメ（*Passer domesticus*）にはそのような変化はまったく見られない[7-63a]．渡り鳥のカナダガン（*Branta canadensis*）でも秋の渡りの後のT_4濃度は最低であるが，春の渡り後は最も高くなる．一方で，**トリヨードチロニン**（T_3）の血中濃度は春の渡りの間に最大となる[7-63b]．チャキンチョウ（*Emberiza bruniceps*）では，春の渡りに先だってT_3のT_4に対する比が増える[7-64]．また，甲状腺の除去は渡りの準備を減弱させる[7-65]．明らかに，チャキンチョウでは，T_3が渡る行動を調節する重要なホルモンなのであろう．さらに，渡りの間には，T_4をT_3に転換する酵素の活性が高まり，この酵素活性を薬理学的に阻害すると渡りの前の肥満が著しく低下する[7-66]．

渡りにおける甲状腺ホルモンの役割はGHと連携していると思われる．ハクガン（*Chen caerulescens*）に**甲状腺刺激ホルモン放出ホルモン**（TRH）を投与すると20分以内に血中のT_4濃度が高まり，**甲状腺刺激ホルモン**（TSH）を投与すると15分以内にその効果が現れる．一般に血中のT_3の増加はT_4のそれより遅れる[7-67]．しかし，TRH投与はGHの上昇も引き起こす[7-68, 7-69]．

何種かの北に渡る鳥で，**コルチコステロン**（CORT）が摂食と脂質の蓄積の調節に重要な役割をもつことが明らかになってきた[7-70〜7-77]．試験管内の結合実験は，ミヤマシトド類において，**ミネラルコルチコイド受容体**（MR）様の**グルココルチコイド受容体**（GR）がCORTに高い親和性を持つが，哺乳類のMRとは特異性が異なることを示した[7-78]．一方，GR様の受容体は，哺乳類と同じように，CORTに対する親和性が低い[7-78, 7-79]．それに加えて，想定される膜受容体はグルココルチコイドの早い（数分以内の）作用をもたらす[7-80]．既知量のCORTを注射したミールワームを与えられた雄のミヤマシトドは，10分以内に対照群よりも多く止まり木の間を跳ぶようになる．この早い作用は，早くても30分，通常は数時間を要する核受容体の働きでは説明できない[7-80, 7-81]．興味深いことに，低濃度（血中量の中間値）のCORTは有効であるが，高濃度（ストレス時の高い値）では効果がない[7-80]．この想定される膜受容体の働きは，春の到着時に最大となり，冬には最小となるようである[7-82]．活動レベルに対するCORTの早い作用は，北極におけ

る春の渡りの最終局面での活動に対応しているようである．そこでは，鳥たちは繁殖地に到着し，適切な産卵場所を見つけ，食物源に精通し，身を隠さねばならない．

膵臓のホルモンは，少なくとも渡りの飛行の間，グルコースの調節に関わることが示されてきた[7-83]．ユキヒメドリ（*Junco hyemalis*）を用いた最近の研究は，長日条件が渡りの準備と肥満を進めることを示した[7-84]．短日条件下では，CORT と PRL の血中濃度は低いが，いずれもが光刺激により14日以内に増加した．CORT の濃度は48日目まで上昇し続けたが，PRL はそうではなかった．この時，最も脂肪を蓄積している鳥では，CORT 濃度が最高値を示していた．ミヤマシトドでは，長日によって誘発される PRL 濃度の上昇が20日目までに明瞭になったが，肥満とは関わりがなかった[7-85]．PRL は春の肥満の開始を調節しているようには思えない．

CORT と PRL は，渡る距離だけでなく，肥満や渡りの前の過食の制御でも協力しているのではないかと示唆されてきた．これらのホルモンの血中濃度に見られる2つの概日リズムの位相関係は，日長や内在性の概年リズムの関数として変動する．2つのリズムの間の位相角の1つは夜明けと，もう1つは夕暮れと結び付いているが，それらは渡りの方角および太るか太らないかを決めている．CORT あるいは PRL のリズムの時間的協働が，渡りや多様な種の年周期中の他の事象を制御しているかどうかは，まだ解明されていない[7-86, 7-87]．

上に述べた仮説は批判されてきた[7-61, 7-88, 7-89]が，副腎皮質の分泌物が渡りを左右しているらしいという証拠がかなりある．副腎皮質の活動と渡りの間には，幅広い相関関係がある[7-90]．野外で数種の鳥から採取した副腎を用い，試験管内で CORT の産生量を測定してみると，渡りをしないイエスズメ，シトロンヒワ（*Fringilla citrinella*），ムネアカヒワ（*Carduelis cannabina*）およびシジュウカラ（*Parus major*）のような種では，CORT の産生が，春に最も低く，繁殖期の後も含めた夏に高かった．一方，渡りをするノビタキ（*Saxicola torquata rubicola*），コノドジロムシクイ（*Sylvia curruca*），セアカモズ（*Lanius collurio*）およびアトリ（*F. montifringilla*）のような種では，

7章 鳥類における渡りの生活史段階の制御

CORTの産生が春の渡りの間に最大となった.

これらのことから,CORTは飛行と密接に関わっていると思われる.その血中濃度は,春と秋の渡りにおいて,中継地から飛び立つ前に上昇する[7-91〜7-93a].上昇した血中濃度は,飛行中は維持されるが,一度地上に降りると急速に減少する[7-75, 7-91〜7-93b].同じように,秋の渡りの途中で捕獲された夜渡る鳴鳥のCORTとCORT結合グロブリンの濃度の基礎量は,休息状態の鳥のそれを上回っていた[7-94].捕獲されたミヤマシトドでも,昼の間,活発に食べたり休んだりしている時より,**夜の苛立ち**(渡りの前の夜間に見せる盛んな運動)を発現している時の方が,CORTの基礎量が高い[7-93b].基礎量が高まったCORTは,異化作用を介して,飛行中に筋肉が働くよう燃料の補給を増やしているのだろう.

これを念頭に置いて,渡りにともなうCORTと甲状腺ホルモンやGHのような他のホルモンとの複雑な関係を調べるのはたいへんに興味深い.多様な標的に作用するホルモンとして,CORTは**インスリン**,IGF-I,AGRP,**グルカゴン**,T_3およびおそらくT_4と連携して多くの代謝過程に影響を与える[7-95〜7-99].これらのホルモンは協力して働き,渡りの間の同化経路と異化経路の回転の調節に寄与する[7-15].

飛行から燃料補給への行動の推移は,捕獲されていても自由に生活していても毎日のように起きており,過食と肥満,静止すなわちまったく動かない状態,そして渡りのための飛行の開始が順に発現する[7-44, 7-100, 7-101].行動の推移はかなり速く,秒の範囲から1〜3時間の間に起きる[7-45].メラトニンが推移の段階の少なくともどれか1つに関わっているだろう.メラトニンは昼夜の活動リズムおよび他の行動と生理のリズムを制御している概日時計の主要な調節因子だからである[7-102, 7-103].さらに他の脊椎動物と同じように鳥類でも,昼行性か夜行性かにかかわらず,メラトニンの血中濃度は夜間に高い[7-104, 7-105].ずっと12L:12Dにあったニワムシクイでは,メラトニンの血中濃度が昼間より夜間の方が高い日周リズムは1年を通して変わらない[7-103].しかし,夜間のメラトニン血中濃度は,春と秋,いずれの渡りの時期も,渡りをしていない時と比べると低い.同じような結果は,渡りをする

ズグロムシクイの亜種でも得られている．また，渡りをする亜種の夜間のメラトニン濃度は，渡りをしない亜種のそれより低かった [7-106]．

ニワムシクイを用いて渡りの衝動を操作する実験が行われた．すなわち長距離の渡りの飛行を模して 2 日間餌を与えず，次に中継地での燃料補給と渡りの衝動の一時的な中断を模して餌を与えたのである [7-107〜7-109]．実験は，秋の渡りを始めるスウェーデンの野外，および春の渡りの出発地であるケニアの越冬地で捕らえられた鳥を用いて行われた．秋には，食餌制限とそれに続く給餌によって渡りの衝動が抑えられ，夜間のメラトニンのピークが大きくなった．同様の結果が春の渡りの時期にも得られたが，結果にはバラツキが多かった．おそらく実験を行った時期の脂肪の蓄積にバラツキがあったか，春と秋の渡りの違いを反映したものであろう．実験した研究者たちは，夜間のメラトニン分泌の減少が機能的に渡りの衝動に関わっているとしている．しかし，北アラスカに生きる野生のツメナガホオジロ（*Calcarius lapponicus*）では，繁殖期に夜間のメラトニンのピークが減少していた [7-110]．これは，この時期の北極が本質的に 24 時間昼であることでメラトニンの分泌が低下したか，メラトニンだけが複雑な 1 日の行動や生理機能の変化を調節している要因ではないことによるのだろう．

夜間の活動についてのミヤマシトドを用いた別の研究では，恒常的な薄明下（< 0.1 Lux）に置くと，渡りの衝動が 3 日間続いた [7-45]．実験はそこで終了された．鳥が，飲まず食わずで，休むことなく激しく行動し続けたためである．明かりをつけると，数秒のうちに鳥は渡りの衝動の行動を止め，餌を食べ始めた．体重と脂肪は 3 日間の間に減少した．続いて恒明条件におくと，鳥は明らかな概日リズムを 2〜3 日間見せたあと，リズムを失ったが，その不規則な活動は渡りの衝動とは異なるものであった．このような結果は，春の渡りに概日リズムの要素が含まれてはいるが，暗さがそのリズムを隠す渡りの衝動を引き起こしていることを示唆している [7-45]．渡りの制御機構の解明には，より多くのこのような実験が必要である．

> **コラム 7.1**
> **渡り鳥は夜間の飛行中に眠るのか？**
>
> 夜間に渡る鳴鳥(めいちょう)は眠るのだろうか？　もし眠るのならどのようにして眠るのだろうか？　渡りの時期でなければ，夜には鳥はねぐらで休み眠ることができる．しかし，渡りの時期には夜の時間がひたすらに飛ぶことに費やされる．そこで，鳥はいつどのように休みを取るのか，もしくは寝不足を貯めておくのかという疑問が生じる[7-36]．疑問のいくらかは，渡りの時期とそうではない時期に，ミヤマシトドの行動を電気生理学的に記録することで明らかにされた[7-111]．渡りの最中の鳥は，渡りの時期ではない夜より，睡眠時間が60〜70%少なく，認識能力も低下していなかったのである．認識能力はいわゆる繰り返し習得テストによって調べたもので，渡りの時期に睡眠させなかった個体が，渡りの時期ではない時の同じ個体と同等の結果を見せている．この疲労に対する耐性は，日中に片側の大脳半球が見せる短時間の睡眠状態[7-112]や，日中に見せる短時間の補償的な睡眠様の行動[7-111]で説明できるかもしれないが，すべてではない[7-113]．さらに，捕獲された鳥でも自由に生活している鳥でも，一日が終わり夜の苛立ちや飛行が始まるのに先だって見られる短時間の静止状態が，夜の飛行の間は得られない休息を与えているかもしれない[7-44, 7-101, 7-114, 7-115]．

7.6.3　脂肪の蓄積，利用，飛翔：渡りにおける極端な変化

春の渡りが近づくと，光周期的に誘起された過食が，体重の増加と肥満を開始する．過食の維持は，中継地にいる間および必要であれば目的地に着くまでの脂肪の蓄積の急速な補充を保証する[7-116]．視床下部の弓状核にあるニューロンが産生する2つの神経ペプチド，NPYとAGRPは，摂食を促進し体重を増加させる[7-117]．このニューロンは，**コカイン-アンフェタミン調節性転写産物（CART）**とともに**プロオピオメラノコルチン（POMC）**とα-MSHを産生しているニューロンと相互連絡しているが，これら3つのペプチドは摂食を抑え体重を減少させる．血液-脳関門の外にありながら，弓

状核には**レプチン**，**インスリン**，**グレリン**および**グルココルチコイド**の受容体があり，摂食を制御する血中からの信号に応答することができるので，渡りの過食を調節する**エネルギーホメオスタシス**の中枢として働いている可能性がある[7-48, 7-118]．渡り鳥が，燃料補給と飛行の間，同化と異化を回転させている時，弓状核が早い変化を調節している中枢であると考えられる．この分野の研究は，渡りの内分泌的制御の機構をさらに調べて行く上で大きな可能性を秘めている．

ミヤマシトドの第3脳室にペプチドを注入したいくつかの実験が，摂食への著しい効果を示した[7-119]．雄のミヤマシトドで，NPYと**エンドルフィン**は摂食を増加させ[7-120, 7-121]，CCKとCRHはそれを減少させた[7-119, 7-121, 7-122]．摂食は，代謝源である餌を変えることによっても変わり得るし，日長によってホルモンに対する応答も変わる[7-120, 7-123, 7-124]．これらのことが春の渡りにどのように関わるかはわかっていない．

渡りにはいつ始めていつ終わらせるかという予見が求められる．渡りの行動の調節，とくに燃料補給と飛行のサイクルを含む生活史段階の各過程を開始するためには，鳥は渡りの準備段階（春の渡りの生活史段階における成熟相）にいなければならない．春の気温の上昇は，渡りの活動の主要な引き金であるとされてきた[7-125]．気温の上昇は，ミヤマシトドの渡りの衝動も増強する[7-126]．悪天候は摂食と渡りの衝動を抑えて，渡りを遅らせる．春の渡りにおける予見的な情報と食物や天候などの補充的で地域的な予知情報が，渡りの行動を早めるのか遅らせるのかに関して重要である[7-127]．気温や風も経路上の短期間の行動に影響する．

7.6.4　春の肥満と夜の苛立ちの制御におけるテストステロンの役割

少なくとも春の渡りでは，渡りに先立つ過食，脂肪の蓄積およびヘマトクリット値の増加が，生殖腺ホルモンの影響下にある[7-9, 7-93b, 7-128〜7-130]．かつては，雌ではエストラジオールが，雄では**アンドロゲン**が同等の機能をもつと見なされていた．しかし，卵巣除去は春の渡りの行動を妨げ，少量のアンドロゲンの植込みで元通りにすることができる[7-131]．エストラジオールは効果がな

かったが，**アロマターゼ**（アンドロゲンをエストラジオールに転換する酵素）の阻害は渡りの衝動を減少させた[7-131]．さらにミヤマシトドや他の種の雌では，渡りの前の過食が始まる直前，あるいはちょうど始まる時に，テストステロンと**ジヒドロテストステロン**の分泌が一過性に上昇することが知られている[7-62]．

去勢された雄のミヤマシトドとアトリでは，渡りの衝動の開始が少なくとも2週間遅れるか，妨げられた．衝動が生じたとしても，正常な雄より短期間で弱いものであった[7-9, 7-128, 7-130, 7-132～7-134]．また，雄のミヤマシトドでPRLとテストステロンの注射により渡りの衝動を誘起できた[7-135]．これらのことは，渡りの衝動の強さにテストステロンが関わるが，他の機構がその開始の引き金を引いていることを示唆する．去勢が春の渡りに影響するかどうかは議論が多い．いくつかの研究では，去勢を晩冬か早春に行っている．これは通常の渡りの季節より前であるが，日長が長くなり始めた後なので，用いられた鳥は実験が始まる前になんらかの光周期的な刺激にさらされている．そこで，3つの季節にまたがるノドジロシトドの実験[7-128]において，実験動物は，まず12月半ばの自然日長が約9.5時間の時に，人工的な9L：15Dの光周期下に数週間おかれた．続いて9羽の雄が去勢され，さらに3～5週間の短日条件を経て15L：9Dの長日刺激が12週間与えられた．また，対照群および精巣が再生した群も同じ条件下におかれた．12週間の長日刺激の間，去勢雄は，対照群および精巣再生群に比べ，痕跡的な渡りの衝動を見せただけだった．さらに光刺激を受けた鳥や春の渡りをする鳥に見られる脂肪の蓄積もなかった．このような結果はミヤマシトドでも確認されている[7-136]．

生殖腺は，おそらく性ホルモンを介して，これらの機能に必須の役割をもつに違いない．渡りと肥満に対する去勢の影響を，ミヤマシトドを用いて調べた詳細な研究[7-137]では，冬至の前に去勢された雄で春の渡りの過食が完全に見られなくなり，渡りの衝動が激減した．血中のテストステロンは検出限界以下であり，CORTはごく微量にしか存在しなかった．しかし，少量のテストステロンを2月中の限られた時期に植え込むと，正常な鳥と同じ春の時期に，その程度に違いはあるが渡りの衝動と肥満が回復した．同じような結

果が雌のミヤマシトドでも得られた[7-131]．これらの興味をそそる結果は，テストステロンが春の過食，肥満および渡りの衝動の調節に携わるが，繁殖の生活史段階そのものより十分に早い時期に働くことを示唆している．2月中の2週間だけのテストステロン処理が，2か月半後の渡りの能力のすべてを回復するのに十分であった[7-9, 7-137]．

最近，2月に投与されたアンドロゲンは，自然日長下におかれた鳥の春の渡りの行動および生理に影響を与える，という仮説が検証された[7-130]．実験動物は3つのグループに分けられた：対照群（偽手術群），去勢群，および去勢後16日間テストステロンを投与された群で，偽手術群だけが，本来の時期に始まる代羽への換羽，渡りの衝動および終止相の完了を見せた．これまでに提唱されている説[7-9, 7-137]にもとづけば，捕獲された雄のミヤマシトドが春の渡りの表現型のすべてを見せるための中枢の働きには，十分に機能している精巣が必要である，ということになる．

さらに，**正中隆起**後部あるいはその全体の破壊は，光周期的に誘起される精巣の発達，渡りの前の肥満および渡りの衝動を抑えた[7-134]．正中隆起前部だけの破壊では肥満あるいは渡りの衝動への影響は認められなかった．漏斗基底部の破壊は渡りの衝動を排除したが，さまざまな程度での肥満が見られた．正中隆起後部を破壊した個体の血中に，PRLおよびテストステロンを単独にあるいは併せて投与すると，肥満は見られたが渡りの衝動は起きなかった．テストステロンはPRLの放出を増加させるのかもしれない[7-134, 7-135]．正中隆起を破壊し皮下にテストステロンを植え込んだ個体にPRLを毎日注射すると，摂食量が増え体重が増加するが，渡りの衝動は起こらなかった[7-135]．一方，視床下部基底部に挿入した光ファイバーを通して脳内の光受容細胞を光刺激すると，環境の日長は8時間だけでも，渡りの衝動が増加した[7-138]．

春の渡りの生活史段階を完了させる要因は分かっていない[7-15, 7-128, 7-139]．春の渡りの終了は，春が深まって鳥が繁殖地に近づくにつれ血中の性ステロイドの濃度が高まることと関係すると考えられてきた．しかし，捕獲されたミヤマシトドの実験は，テストステロンの植込みが渡りの衝動の期間を短くせ

ず，基羽への換羽の開始を抑制している間はそれを長引かせているかもしれないことを示した[7-131, 7-140]．このように，鳥が繁殖地に到着した時に春の渡りを終わらせる制御機構はわかっていないが，繁殖地の環境が重要な鍵となる可能性が示されている[7-139, 7-141～7-143]．

7.7　秋の渡り：繁殖の後の移動

7.7.1　秋の渡りの生活史段階

　鳥は繁殖期の後に数種類の移動を見せる．そのうちのいくつかは予測できる．たとえば，巣立ちの後の分散および越冬地への渡りがそれである．いくつかの種は一部の個体だけが渡りをする（**一部個体の渡り**，partial migration）．すなわち，支配的な環境条件に関わりなく，個体群の中のある個体は毎年渡りをするが，他の個体は年をまたいで定住する（絶対的な一部個体の渡り）．この型の一部個体の渡りは戦略の多様性にもとづいているように見える[7-2, 7-36, 7-144]．別の種では，その年の支配的な環境条件に依存して，渡る時もあるし，渡らない時もある（偶発的な一部個体の渡り）[7-2, 7-145]．渡りをするかしないかを決める要因としては，資源を巡る競争，冬の群れの中での地位，年齢，優劣関係，孵化した日，性あるいは遺伝形質がある[7-46, 7-146～7-148]．一部の個体が渡る際の移動距離は40～数百kmと比較的短い．

　繁殖後の移動はたいへん複雑なので，その内分泌機構を調べようと計画された実験が少なく，しかも矛盾しているのは驚くべきことではない[7-9, 7-147～7-149]．有限状態マシン説を当てはめることで，一部個体の渡りを類別する以下のような4つの生活史段階が示唆されてきた[7-10, 7-11]．

1. 若い個体の分散は，個体の生活史の中で一度だけ起きる個体発生の生活史段階である．そのため，その内分泌機構は他の型の移動とはまったく異なるだろう．

2. 通常の秋の渡りの生活史段階で，個体群全体で起こる．春の渡りの生活史段階の鏡像になっている．

3. プログラムされた一部個体の渡りで，特定の個体が秋の渡りの生活史段階を常に見せ（それゆえ春の渡りも見せ），他の個体は決して渡らない．おそ

らく，渡りをするものは上述の2と同様の制御機構をもっているだろう．同じ個体群の中で渡りをしないものと渡りをするものを実験的に比較すれば貴重なデータが得られるだろう（自然の実験！）．
4. 偶発的な渡り，すなわち突然の移動が，予測不可能な環境の混乱に対して生ずる．この型の移動は非常事態の生活史段階に含まれ，まったく異なる内分泌機構の下にある．

7.7.2　繁殖後の渡りを調節する内分泌機構

繁殖後の移動を類別したので，それらの内分泌機構について知られていることが調べられる．もっと多くの情報が必要ではあるが，近縁種の間に見られる多様な戦略は，今後の研究に興奮するようなモデルを提供している．

a. 若い個体の分散

ニシアメリカオオコノハズク（*Otus kennicotti*）の研究は，健康な若い鳥のCORTの血中濃度が高いことを示唆する[7-150]．この状態は移動行動を刺激し，分散を促進する．痩せた若鳥は，CORT濃度を低く保ち，異化と糖新生を監視しエネルギーの蓄積が改善されるまで分散を遅らせる．身体の状態が，ある設定値になるとCORT濃度が高まり，分散が促進される．疑問は，どのような要因が血中CORT濃度を高めるかである．この上昇は，渡り鳥が渡りに先立ち，飛行に必要な代謝系を活性化する局面と似た時に生じているのかもしれない[7-92, 7-93a]．この仮説は，しかし，分散しようとしている若鳥では検証されていない．

b. プログラムされた一部個体の渡り

半世紀以上前に，テストステロンが渡りの衝動を抑制しているに違いないと示唆されている[7-151]．それにより，繁殖が遅れた時に未熟な状態で旅立つことを避けているという．これは通常の渡りでも確かだと思われる[7-147, 7-152]．一部の個体が渡る種でテストステロン濃度の季節変動が調べられているのはヨーロッパのクロウタドリ（*Turdus merula*）[7-153]とコガラ（*Parus montanus*）[7-154]の2種だけである．クロウタドリではテストステロンの血中濃度に秋の高まりが見られなかった．対照的に，若い雌と雄のコガラの

7章 鳥類における渡りの生活史段階の制御

30％は，血中テストステロンに大きな一過性の秋のピークを見せた．秋の間，コガラの成鳥にはテストステロン濃度の上昇はなかった．その上，何羽かの若鳥では，渡りの経路上でもテストステロン濃度が高かった．また野外での実験は，秋の間の高いテストステロン濃度が，渡りをしない個体の定住行動に影響しなかった[7-155]．一部の個体が渡るこれら2種の研究結果は，テストステロンが一部個体の渡りの調節には関わらないが，その変動は渡りの結果かもしれないことを示している．

コガラの渡りの筋書きは，縄張りをもたず定住する鳥のそれとは異なる．後者は，食物が豊富で親の攻撃がなくても，生まれた場所から（巣立って）分散する．分散の時期は身体の状態および／または社会的な状態に依存する．これが縄張りをもたないハシブトガラ（*P. palustris*）の状態である[7-156]．健康な鳥は身体の状態が良くない鳥より早く分散するが，これは分散するという決定が，飛行を支えるのに十分な燃料を体内に蓄えているかどうかに依存することを示している．

c. 通常の秋の渡り

基羽への換羽の後，時にはその前に，北半球の温帯地方の多くの鳥は秋の渡りを始める．しかし秋の渡りの機構は，春の渡りほどにはわかっていない[7-9, 7-14, 7-15]．秋の渡りは，生殖腺が完全に退縮し，性ステロイドの血中濃度が基礎量である時に起きることにも注意しておくべきである．これは，生殖腺が再発達し血中の性ステロイドが増え続ける時期の直前あるいはその最中に起きる春の渡りの制御とは対照的である．冬が始まる前の去勢あるいは卵巣除去は，春の肥満と渡りの行動を抑えるが，秋の肥満と渡りの衝動には影響しない[7-9, 7-128, 7-130]．いくつかの種では渡りの活動の概年リズムの存在に少なからぬ証拠がある[7-36, 7-57]．ズグロムシクイでは，渡りの衝動と脂肪の蓄積が遺伝的に制御され得る[7-114]．少なくとも，渡りの衝動には約10か月周期の内在的な概年リズムがある[7-46]．初期の予見的情報は，渡りの状況（成長の可能性）を進展させ，実際の毎日の渡りの活動は，渡りの過程を微妙に調整する補足的な要因によって制御される[7-9, 7-14]．

渡りは，独立に何回か進化したので，種によって渡りの生理的基盤が異

7.7　秋の渡り：繁殖の後の移動

なるのであろう．通常，渡り鳥は長距離を移動して，高緯度地帯で繁殖期を，熱帯地域で越冬期を過ごすと思われている．いくつかの種は燃料補給のために休止するまでに，たいへん長い距離を飛行する．体重の50％かそれ以上が脂肪という鳥は，休むことなく3〜4日で3,000〜4,000 kmを飛ぶことができる．他のものは短い距離を飛行し，燃料補給のために繰り返して休憩する．たとえば，多くのフィンチ類やスズメ類は短い距離を飛び，毎日休憩して脂肪の蓄積を更新する．この違いは，異なる渡りの戦略をもつ種の間でのエネルギー管理を調節するホルモン機構の相違を反映しているに違いない[7-27, 7-56]．

　多くの異なる複雑な渡りの様式があるだけではない．春の渡り鳥と秋の渡り鳥は，飛行の間に異なる状況を経験する．春の渡り鳥はふつう時間に迫られている[7-157, 7-158]．鳥は北に行くにつれて，採餌や営巣の選択肢の減少とともに予測出来ない気象条件に出会う．一方，秋の渡りはずっと時間に余裕があり，鳥は南下するにつれて，より好ましい天候や食物の入手が容易な状況に出会う．秋の渡りでは，春の渡りとは逆に，脂肪の蓄積を維持した状態で目的地に着く必要がないので，燃料の荷重はずっと少ない．そのため，春と秋では渡りの戦略が異なり[7-49, 7-52]，それらを調節する機構も一致しない[7-9, 7-159, 7-160]．

　秋の渡りにおける渡りの衝動と脂肪の蓄積は，捕獲された鳥でしか研究されていない．その過程は複雑で，多くのホルモンが，過食の活性化，それに続く脂肪の蓄積，そして渡りの衝動に携わっているようである．関わり得るホルモンには，GH，甲状腺ホルモン，CORT，カテコールアミン，インスリン，グルカゴンおよびPRLがある[7-9, 7-161]．コガモ（*Anas crecca*）では，血中のT_4とGHに高い相関があり，秋の渡りが始まる直前の8月に両者の血中濃度が最高になる[7-162]．

　30年ほど前に書かれた総説[7-163]では，CORTは渡りの行動開始には関わらないと結論づけられていたが，それ以降のいくつかの研究はそれを覆した．今日では，CORTは秋の渡りを構成する出来事を制御する最も重要なホルモンであると考えられている．秋の渡りをする鳥の副腎は，渡りをしない時期

より多くの CORT を分泌する[7-90]．CORT が渡りの衝動の誘起に関わることが，捕獲したニワムシクイの研究で示されている[7-161]．この秋の渡りをする鳥では，血中 CORT 濃度が夜間は高く日中は低いという日周リズムがある．渡りの状況が実験的に中断されると日周リズムは消失する．捕獲したミヤマシトドでは，連続的な薄明状態に置いて渡りの衝動を長引かせると，血中 CORT 濃度の基礎量が持続的に高まる[7-143]．上述の2つの研究は，捕獲された状態でも，CORT の分泌が，捕獲されたことよりは，飛行に費やすエネルギーの要求の増加に対する反応であることを示唆している．

　重要な疑問は，渡りをしている鳥が，一方で過食の誘起と脂質の合成，もう一方で骨格筋における異化作用，といった CORT の相反する効果にどのように対処しているかである．渡りおよび中継地における休息の間の CORT の分泌は，採餌と脂質合成を刺激する効果と筋での異化作用に関わる代価（コスト）とが釣り合うように行われねばならない．渡り鳥にとって後者の増加は望ましいものではない．ネコマネドリ（*Dumetella carolinensis*）の研究では，渡りの前よりその最中に CORT 濃度を高め，渡りの最中のストレス応答を減少させるという仮説が検証された[7-164]．渡りの最中のネコマネドリは，渡りの前の痩せた換羽中の鳥より高濃度の CORT の基礎量を示した．また，太った渡りの最中の鳥は，中継地での休憩中，ストレス応答を見せなかったが，換羽中の鳥はそれを示した．この研究では中継地のキヅタアメリカムシクイ（*Dendroica coronata*）も調べられたが，キヅタアメリカムシクイも中継地でストレス応答を見せなかった．これらの結果から，渡りをしている鳥の血中 CORT は，過食と脂質合成を促進するのに十分な中程度の濃度であるが，この濃度は飛行筋への有害な影響を避けるのに十分でもあると結論されている．ストレス感受性の低下は，さらなる CORT 濃度の上昇を避けるのに必要である．この現象は**「渡りの調節仮説」**（migration modulation hypothesis）と呼ばれている．

　上に述べた結果とは異なり，秋の渡りをしているミヤマシトドでは，CORT の基礎量の上昇を見ることができない[7-160]．ストレス応答の大きさは繁殖期ほどではないが，渡りをしているミヤマシトドは CORT の血中濃

度を上昇させてストレスに応答する．長距離を渡るヒメハマシギ（*Calidris mauri*）も，秋の渡りの間，強いストレス応答を見せる[7-49]．また秋の渡りをしているニワムシクイでは，CORTの基礎量は低濃度であるが，大きなストレス応答が見られる[7-161]．このように春の渡りと秋の渡りの間でストレス応答の様式が異なるように見えるだけでなく，秋の渡りの間でも異なる渡りの戦略を取る種の間で応答様式が違う．

痩せた鳥が肥満を促進するために高いCORT濃度を必要としているかどうかについては議論が多い．渡りをしない何種かの鳥では，高濃度のCORTが必要である[7-165, 7-166]が，他の種ではそのような関係が確かめられていない[7-167, 7-168]．また，体の状態とストレス応答の関係は，同一種内でも，季節によって異なる[7-166]．新熱帯区の2種の渡り鳥では，秋の渡りの間，肥満とCORTに何の相関も見られなかった[7-164]が，渡りの間中，CORT濃度は高く保たれていた．秋の渡りの最中のミヤマシトドでも，体の状態とCORT濃度に相関はなかった[7-160]．ところが，サハラ砂漠を越えてヨーロッパからアフリカに至るニワムシクイの秋の渡りでは，CORTと体の状態に負の相関があった[7-161]．これらの違いは，渡りの戦略の多様性によるのだろう．

秋の渡りの間のCORT濃度が，実際に飛行している時に高いのか低いのかを調べるため，何種かの渡り鳥がアルプスの高地に設けた野外の定点で捕獲され，採血された[7-169]．結果は，困難な飛行がCORT濃度を高めないことを示していた．むしろ1羽のひどく痩せ細ったヒタキでだけ，高濃度のCORTが検出された．他の研究も，脂肪が少なく痩せた状態の悪い鳥だけが，高いCORTの基礎量を見せた[7-94, 7-170]．これらの結果は，飛行の間にエネルギーの蓄積が減ってエネルギー平衡が負になった時に，CORT濃度が上昇することを示している．大きく変動する渡りの段階にあって，エネルギーの蓄積と利用にCORTが果たしている役割については，さらに研究が必要である．

秋の渡りでは，渡り鳥の個体がストレスと見なせる重労働を行う．しかし，最近のコオバシギ（*Calidris canutus*）を用いた風洞実験では，風洞内の困難な飛行がCORT濃度を高めないだけでなく，免疫機能の抑制も生じなかった[7-171]．この実験のもう1つの興味深い結果は，実験の最初に免疫防御

が低下していたコオバシギは，長い時間，風洞の中で飛べずにいたことである．このような個体は何らかの理由でエネルギーを涸渇させていたのであろう．この実験では低濃度のCORTの役割はわかっていない．渡りの経路上で捕らえた長距離を渡る健康な鳥では，CORTの基礎量が比較的低かった[7-160, 7-169]ので，上昇したCORTの基礎量が渡りの衝動および採餌行動を誘起する過程に含まれるかは定かでない．しかも，渡り鳥の種によってストレス応答が大きく違っているため，状況は簡単ではない[7-10]．さらに，上に述べたCORTの変動の概要は春の渡りのそれと大きく違っている．

疑いなく，渡りの間，大量のエネルギー源を保持することが，渡り鳥にとっては決定的に重要であり，飛行中および中継地で燃料補給をしている時に脂肪の蓄積を利用できなければならない．哺乳類では，脂肪細胞に由来するレプチンが食欲およびエネルギーの消費に深く関わる．おそらく，レプチンが，渡りの間，体内のエネルギー源の状態を中枢に伝え，摂餌行動を調節するのに重要なホルモンであり得る．しかし，鳥類がレプチンとその受容体を発現しているか確かではないため，自由生活している鳥ではこのホルモンがほとんど研究されていない[7-172, 7-173]．わかっていることは，長距離を渡る鳥がレプチンを合成できること[7-174]，および野生の鳥へのレプチン投与が摂食を減少させることである[7-93a]．

7.8 偶発的な渡り

7.8.1 偶発的な渡りの生活史段階

負のエネルギー平衡をもたらす不安定な環境要因によって生じた環境の混乱は，個体が通常の生活史段階を放棄して，混乱に立ち向かえる可能性のあるいくつかの戦略の1つを選ぶよう強いる．すべての戦略が突然の渡りを含んでいる訳ではないが，すべてが環境の崩壊，すなわち危機的な生活史段階への偶発的な応答と密接に関わる[7-175, 7-178]．危機的な生活史段階の要素には以下のようなものがある（図7.5）：

1. 避難する戦略－不安定な環境の混乱要因から遠ざかる．
2. 受け止める戦略－エネルギー保存性の運動と生理機能のセットへの切換．

7.8 偶発的な渡り

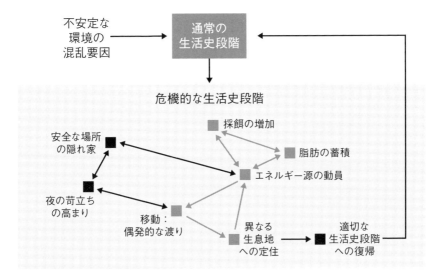

図 7.5　個体が危機的な生活史段階にある時に見せる過程の模式図
採餌およびエネルギー源の蓄積と動員のような過程の多くは通常の渡りでも見られるが，調節機構は異なっているであろうことに注意して欲しい．多くの個体は，初めは安全な所を捜し出すことを選ぶが，もし状況が改善されなければそこを去る．これまでに調べられた種では，偶発的な（突発的な）渡りのほとんどは日中に起きるが夜の苛立ちの増加をともなう．突発的な渡りのもう1つの特徴は，1年のうちのいつでも起こり得ることである．（Wingfield, 2005；Springerの好意による）

3. 最初は受け止め，次いで避難する戦略－初めはエネルギー保存様式に切り換えるが，状況が改善されなければ避難する．
4. いずれかの戦略を選ぶと，不安定な環境の混乱要因を避けるための移動を刺激する脂肪やタンパク質のようなエネルギー源の蓄積の動員，または安全な場所に避難している間のエネルギーの供給，がきわめて重要になる．
5. 不安定な環境の混乱要因が通り過ぎるか，あるいは個体がそれから遠ざかると，適切な場所に新たな生息地を設けるか，元の場所に戻って通常の生活史段階に戻るかしなければならない．

　行動と生理機能におけるこのような劇的な変化は，環境の混乱要因に曝さ

れて数分から数時間で起こり，そのホルモン機構が多くの研究の課題であった[7-176, 7-178]．理想的には，個体は，食物の供給が危機的になった時に採餌から移出に切り換えるべきで，実際，弱って僅かな距離も移動できなくなる前にそうしている[7-176]．一方，多量の脂肪の蓄積を保持している個体は，飛び立つ時に捕食の恐れに身をさらすかもしれない[7-179, 7-180]．十分に肥満した渡り鳥は，きわめて強い飛行能力という機械的な出力に変換する代謝機能をもつが，それにもかかわらず，脂肪の蓄積の保持には捕食の危機との間にトレードオフの関係がある．なお，脂肪の蓄積の利点は，偶発的な環境の出来事への備え，および採餌と脂肪蓄積に多様な戦略をもたらす飛行能力の提供である[7-181]．採餌と移出は，しばしば入り組んでいて区別が難しいが，ある種の哺乳類や鳥類では分かれていて，はっきり認識できる．この場合，長期間の食物の欠乏や貧弱な環境条件のような環境の混乱要因は，捕食の危機を高め，突発的な渡りを導く．それは，たかだか数百 m のこともあれば数千 km に及ぶこともある[7-175]．

突発的な渡りは，多くの種，とくに砂漠，北方林および高緯度地帯の種で見られる[7-182]．社会的な相互作用はこの行動を引き起こすのにそれほど重要でないが，栄養源の欠乏はたいへん重要である．集団移住を思わせる大きな渡り鳥の群れも珍しくない[7-183, 7-184]．

7.8.2　偶発的な（突発的な）渡りを調節する内分泌機構

危機的な生活史段階は，おそらく複雑な制御機構をもつ生理的および行動上の特性の組み合わせからなる．ここ 20 年の研究は，**視床下部―下垂体―副腎系**のホルモンが密接に関わることを示唆している[7-177]．さらに正中隆起から放出された**メソトシン**と**バソトシン**が，POMC の発現とプロセシング（β-エンドルフィンと α-MSH の切り出し）に影響を与えている証拠がある[7-185]．

ミヤマシトドとユキヒメドリでは，CORT の植込みが採餌行動そのものは増加させなかったが，前者で移動行動を抑制した[7-57, 7-186]．いずれの種も 24 時間の食餌制限で，突発的な行動に関連する移動行動が増加した[7-143, 7-187]．

食物を戻してやると，CORT で処理された鳥では摂食量が増えたが，これは不安定な環境混乱要因がなくなった後の回復にこのホルモンが何らかの役割をもつことを示している[7-185, 7-186]．なお，CORT は春と秋の渡りでは夜間の標準的な代謝率を低下させることで，夜の苛立ちを促進しているように思われる[7-188]．これらの結果は，突発的な行動を導く行動と生理機能の制御戦略が，夜間に起きる春と秋の渡りの調節とは異なることを示唆している．

このように，CORT は，危機的な生活史段階にあって，いくつかの行動および生理機能の調節戦略に関わるとともに，他のホルモンと相互作用しているように思われる．いくつかの研究は，β-エンドルフィンが摂食を促進することを示している[7-121, 7-189]．さらに，特異的な**オピオイド受容体**のリガンドを用いて，ユキヒメドリの脳内，とくに摂食を調節している視床下部の腹内側部と外側部に，κ，μ，および 2 種の δ オピオイド受容体が分布することが示された[7-190]．一方，CRH は摂食を減らし[7-122]，移動行動を増加する[7-191]．明らかに，不安定な環境混乱要因に対する複雑な生理的・行動的応答の調節に携わる CORT と神経ペプチドの相互作用は，突発的な渡りの調節にも寄与しているようである．CORT のいくつかの作用は，分単位のたいへん速いものなので，非遺伝子性の膜受容体を介した機構の存在も考えられる[7-80]．

7.9 血中 CORT 濃度の変動：すべての渡りに共通？

グルココルチコイドが，春，秋，および偶発的な渡りにおける代謝と行動に関わっていることが，かなりの証拠によって示されている．それぞれの渡りに特徴的な動機の解明にはまだ多くの研究が必要であるが，何種かの鳥，とくに自由生活している集団における CORT の関わりについて見直してみよう．

ユキヒメドリでは，秋の到着から春の渡りに向けた代羽への換羽にかけて，劇的に体重，脂肪の蓄積，および行動が変化する．この時，脂質の合成と分解に関わる酵素が変化する．また，春の渡りにおける活発な飛行と中継地での休息という 2 つの過程の間と同様，この段階では脂質合成，脂質分解，

筋リポタンパク質のリパーゼおよび血中 CORT 濃度に日周変化が見いだされている[7-192, 7-193]．脂質合成系と分解系の協調は，休憩と燃料補給の間の脂肪酸の蓄積を最大にし，飛行中の供給と利用を高める．さらに，自由生活しているヒメハマシギでは，春の渡りの前よりは渡りの間の方が，脂質合成が高まっていた[7-194]．春の渡りの飛行活動と休息の生活史段階とは異なり，渡りをしない時期の血中 CORT 濃度の日周変動は夜間にピークがあった[7-193]．対照的に，冬の厳しい暴風雪に曝され移動を強いられたユキヒメドリでは，日中に血中 CORT 濃度が上昇した．突発的な渡りの時には，CORT の放出の様子やホルモンとしての働きが違うことが示唆される．同様の高濃度の血中 CORT は，激しい嵐から逃れたモグリウミツバメの仲間（*Pelecanoides urinatrix*）および長く続いた厳しい天候の後に巣や縄張りを放棄したミヤマシトドの亜種（*Z. l. pugetensis*）とウタスズメ（*Melospiza melodia*）でも測定されている[7-195, 7-196]．さらに，繁殖後の 6 月のアラスカで，3 日間の吹雪の後にツンドラをさすらっていたツメナガホオジロ（*Calcarius lapponicus*）では，不安定な環境混乱要因に対する副腎皮質の応答の感受性が，ほぼ一桁増加した[7-197]．

ニワムシクイでは，基羽への換羽に続いて週に一度の食餌制限により，随意に摂食できる対照群より早く体重が増加した．この肥満は，過食とは関係なく生じており，食物の利用の効率化もしくは代謝率の低下が原因であると思われる．インスリン，グルカゴンあるいは CORT の基礎量には変化がなかったが，インスリンとグルカゴンの比が減少し，食餌制限をした鳥でより低下した[7-198]．これが肥満の原因かもしれない．負のエネルギー平衡（食物の入手難またはエネルギー消費の増加）は，冬の肥満と同じように，渡りの行動に影響する一般的な**近接要因**であると言われている[7-198]．食餌制限の繰り返しは環境撹乱要因になり得るので，同様の機構が突発的な渡りにも絡んでいる可能性がある．

渡りを始めると，偶発的な渡りをしている鳥は，春あるいは秋の渡りをしている鳥と同じ生理的問題を抱えるだろう．タンパク質の利用は，脂肪の蓄積が減って基準量になるまでは低く抑えられている．少なくとも 500 km の

7.9 血中CORT濃度の変動：すべての渡りに共通？

飛行をした10種のスズメ目の渡り鳥で，尿酸とCORTの濃度は低く，脂肪の蓄積も利用できるだけの量（体重の5％以上）が残っている．脂肪の残量が少ない鳥では尿酸とCORTの濃度が高い．目に見える脂肪がなく胸筋が痩せ細った鳥では血中CORT濃度がたいへん高い．脂肪の蓄積が大きい鳥でしか，捕獲，ハンドリングおよび拘束に続くCORT濃度の上昇は起きない[7-170]．これらの結果から，十分量の脂肪の蓄積をもつ渡り鳥では，長距離の飛行がストレスにはならない，と結論されている．中程度のCORT濃度は，低脂肪とタンパク質の利用の増加に相関している．それにともない急性ストレスに対する副腎皮質の応答性も低下する[7-161]．筋タンパク質量が非常に少ない時にだけ血中CORTが最高の濃度になる．

一般的に，春と秋の渡り（通常の生活史段階）の間には，突発的な渡り（危機的な生活史段階）と同様，CORT濃度の上昇が見られる．カナダのラ・ペルーズ湾で繁殖中のヒレアシトウネン（*Calidris pusilla*）では，捕獲，ハンドリングおよび拘束に反応して血中CORT濃度がわずかに増加する[7-199]．基礎量および捕獲ストレス時の濃度，いずれもが，デラウェア湾に面したニュージャージーの中継地で採取した試料より著しく低濃度であった[7-199]．これらの結果は，渡りから繁殖への移行にともない，CORTの基礎量とストレス時の濃度が大きく低下することを示唆している．しかし，アラスカで繁殖中のヒレアシトウネンでは，デラウェア湾を渡っている鳥と同じように[7-200]，捕獲ストレスの後のCORT濃度が最大値となっていた[7-49]．近縁のヒメハマシギでも，春の渡りから繁殖期にかけてCORT濃度が大きく高まり，秋の渡りの時にはさらに高濃度になった[7-49, 7-201]．

デラウェア湾を春に渡るヒレアシトウネンでは，中継地での休息期（約3週間）の始めと終わりのCORTの基礎量が同じ程度であった．ストレス時の濃度も同様であったが，全体として1996年は1997年より著しく濃度が高かった．鳥たちは，1997年より1996年の方が，よりよい状態で到着し，より早く脂肪を蓄積したように見える．捕獲ストレスによって，血中CORT濃度も1996年の方がより高くなったが，体の状態には比例していなかった．1997年は，概して体の状態が低調で，ストレス時のCORT濃度が低く，エ

ネルギー状態と強い正の相関があった[7-200]．これらの結果は，貧弱なエネルギー状態だった1997年の鳥が，急性ストレスに対する副腎皮質の応答を減弱して，渡りの飛行に必要な筋の退縮を防いだためと思われる．急性ストレスに対する応答の低下は，十分に準備ができていない時に，旅立とうとする力を弱めている可能性もある．

　CORTとGHは，脂質動員の主要な役者で，渡り鳥における脂肪の蓄積と動員を調節するのに重要である．ストレスに対する副腎皮質の応答は，ヒレアシトウネンでは抑制されないが，血中CORT濃度はかなり高い．恐らく（春の中継地における）脂肪の急速な蓄積に関わっているのだろう．秋にニューイングランドのマノメットで捕獲されたヒレアシトウネンでも，同じようにCORT濃度が高かった（秋には60〜140 ng/mL，5月に25〜120 ng/mL，6月に60〜150 ng/mL）．この種では，渡りの間中，あらゆる場所で，CORTの動態は大きく変動するように思われる[7-202]．GHと体重には負の相関があるが，ミズカキチドリ（*Charadrius semipalmatus*）およびミユビシギ（*Calidris alba*）では，これがこのホルモンの脂質分解への影響を示している．高濃度のGHは，渡りの飛行の間に衰えた組織を回復するためのタンパク質合成も高めるが，その濃度は燃料補給の間に低下する[7-202]．

　捕獲時のコオバシギでは，エネルギーの蓄積が最大になる時にCORT濃度が増加し，たとえ渡らなくても体重の減少とともに濃度が低下する[7-203]．コオバシギのCORT濃度は，春と秋の濃度が高い時期に，最大量となる[7-16]．春の渡りの長距離飛行の後に中継地に到着したオオソリハシシギ（*Limosa lapponica*）では，当初は高かった血中CORT濃度が，燃料補給の開始とともに低下する．しかし，燃料が再補給され次の飛行の準備が始まると，再びCORTの濃度は上昇する[7-92]．このような複雑な筋書きと種による違いにもかかわらず，一般的には，CORTは渡りのためのエネルギーの取り扱いに直接には携わらないが，長距離飛行の間の予測できない出来事への備え，あるいは飛行のためのエネルギーの要求と極地に着いた時の予測不能な状況に対応する代謝過程の準備を先行させることに関与する．これには，秋の渡りの飛行中に野外で試料を採取したスズメ目で，血中CORT濃度とス

トレス応答が変わり得るという例がある[7-169]．さらに，ミヤマシトドでは，季節および渡りが捕獲などに対する副腎皮質の応答を変える[7-160]．

7.10 結 論

　渡りは，形態，生理および行動の変化をともなう複雑で統合された過程である．春，秋および偶発的な渡りの制御のいくつかの様相には，筋の発達（エンジン），脂肪の蓄積（燃料）および燃料補給あるいは飛行の間に変動する代謝過程のような共通の段階がある．これらの段階は，同じような内分泌機構，とくに視床下部―下垂体―副腎系，甲状腺ホルモン，および PRL によって制御されている．一方，移動の方向，高さ，浸透圧調節などには，それぞれの渡りの型で特徴があり，渡りの経路上での種あるいは個体の経験にもとづいて微妙な調整を行う特有のホルモン制御機構があるだろう．それらについては，より的を絞った研究が必要である．

　何によって渡りの生活史段階の進行が始まるのか，成熟が可能になった時に渡りの開始を許し，目的地に着いた時に渡りを終わらせるのは何か，という質問に対する答えはほとんどわかっていない．渡りの開始と完了だけでなく，その方向についてもそうである．現在までの研究成果は，多くの種で，光周期への応答に多様性があることを示している．種によっては光周期が初めに春の，次いで秋の渡りを調節するが，他の種では強力な内在性の概年リズムが，移動する方向，さらにはその変更まで調節する．こういった調節がすべて神経系によるものなのか，内分泌系も関わるのかは基本的にわかっていない．偶発的な渡りは，おおむね CORT の分泌によって駆動されるが，方向や距離は神経系により調節されているだろう．その終止機構はわかっていない．

　環境が急速に変化している世界では，渡りの様式と混乱（偶発的な渡り）への対応も変わっていく．どのようにしてある種は急速な環境の変化に対処し，他の種はそうしないのであろう．多様な渡りの生活史段階の解明は環境資源の保全と管理にたいへん重要となる．

7章　鳥類における渡りの生活史段階の制御

7章 参考書
以下の邦文書は，本章の理解を助ける上で有用であろう（訳者）．
Baker, R.（網野ゆき子 訳）（1994）『鳥の渡りの謎』平凡社．
井上慎一（2004）『脳と遺伝子の生物時計』共立出版．
McFarland, D. 編（木村武二 監訳）（1993）『オックスフォード動物行動学事典』どうぶつ社．

7章 引用文献

7-1) Baker, R. R. (1978) "The Evolutionary Ecology of Animal Migration" Holmes and Meier, New York.

7-2) Newton, I. (2008) "The Migration Ecology of Birds" Academic Press, Elsevier, Amsterdam.

7-3) Dingle, H. (2014) "Migration: The Biology of Life on the Move" Oxford University Press, Oxford.

7-4) Hansson, L.-A., Akesson, S. (2014) "Animal Movement Across Scales" Oxford University, Oxford, U.K.

7-5) Newton, I. (2011) J. Ornithol., **153**: 171-180.

7-6) Cabrera-Cruz, S. A. *et al.* (2013) Condor, **115**: 263-272.

7-7) Gauthreaux, S. A. *et al.* (2003) "Avian Migration", Berthold, P. *et al*., eds., Springer, Berlin, p. 335-346.

7-8) Bruderer, B. (1997) Naturwissenschaften, **84**: 45-54.

7-9) Wingfield, J. C. *et al.* (1990) "Bird Migration" Gwinner, E., ed., Springer-Verlag, Berlin, p. 232-256.

7-10) Wingfield, J. C., Silverin, B. (2002) Horm. Brain Behav., **2**: 587-647.

7-11) Wingfield, J. C., Silverin, B. (2009) "Hormones, Brain and Behavior, 2nd Edition" Vol. 2, Pfaff, D. W. *et al*. eds., Academic Press, New York, p. 587-647.

7-12) Karlsson, H. *et al.* (2012) Anim. Behav., **83**: 87-93.

7-13) Nilsson, C. *et al.* (2013) Am. Naturalist, **181**: 837-845.

7-14) Ramenofsky, M., Wingfield, J. C. (2007) BioScience, **57**: 135-143.

7-15) Ramenofsky, M. (2011) "Hormones and Reproduction of Vertebrates" Norris, D., Lopez, K.H., eds., Academic Press, New York, p. 205-236.

7-16) Piersma, T., Ramenofsky, M. (1998) J. Avian Biol., **29**: 97-104.

7-17) Piersma, T., van Gils, J. A. (2011) "The Flexible Phenotype: A Body-Centered Integration of Ecology, Physiology and Behaviour" Oxford University Press, New York.

7-18) Bauchinger, U., McWilliams, S. R. (2010) J. Avian Biology, **41**: 603-608.

7-19) Price, E. R. *et al.* (2010) Physiol. Biochem. Zool., **83**: 252-262.

7-20) McWilliams, S.R. *et al.* (2004) J. Avian Biol., **35**: 377-393.

7-21) Fry, C. H. *et al.* (1972) J. Zool., **167**: 293-306.

7-22) Marsh, R. (1987) J. Comp. Physiol. B, **141**: 417-423.
7-23) Driedzic, W. R. *et al.* (1993) Can. J. Zool., **71**: 1602-1608.
7-24) Bauchinger, U., Biebach, H. (2001) J. Comp. Physiol., B, **171**: 293-301.
7-25) Marsh, R. L. (1984) Physiol. Zool., **57**: 105-117.
7-26) Gaunt, A. S. *et al.* (1990) Auk., **107**: 649-659.
7-27) Piersma, T. (1998) J. Avian Biol., **29**: 511-520.
7-28) Piersma, T., Drent, J. (2003) Trends Ecol. Evol., **18**: 228-233.
7-29) Klassen, M. (1996) J. Exp. Biol., **199**: 57-64.
7-30) Jenni-Eiermann, S., Jenni, L. (1992) Physiol. Zool., **65**: 112.
7-31) Jenni, L., Jenni-Eiermann, S. (1998) J. Avian Biol., **29**: 521-528.
7-32) Milner-Guilland, E. J. *et al.* (2011) "Animal Migration, a synthesis" Oxford University Press, Oxford, New York.
7-33) Helm, B. *et al.* (2012) J. Exp. Biol., **212**: 1259-1269.
7-34) Gwinner, E., Helm, B. (2003) "Avian Migration" Berthold, P. *et al.*, eds., Springer, Berlin, p. 81-95.
7-35) Helm, B. *et al.* (2013) Proc. R. Soc., B. **280**: 0016.
7-36) Berthold, P. (2010) "Bird Migration: a general survey, 2nd Ed." Oxford University Press, Oxford.
7-37) Kumar, V. *et al.* (2006) J. Ornithol., **147**: 281-286.
7-38) Kumar, V. *et al.* (2010) Physiol. Biochem. Zool., **83**: 827-835.
7-39) Emlen, S. T. (1975) "Avian Biology" Farner, D. S., King, J.R., eds., Academic Press, New York, p. 129-219.
7-40) Salewski, V. (2009) Ibis, **151**: 640-652.
7-41) Helm, B. *et al.* (2006) Animal Behav., **72**: 1215.
7-42) Chilgren, J. D., deGraw, W. A. (1977) Auk, **94**: 169-171.
7-43) Morton, M. L. (2002) Stud. Avian Biol., **24**: 1-236.
7-44) Agatsuma, R., Ramenofsky, M. *et al.* (2006) Behaviour, **143**: 1219-1240.
7-45) Coverdill, A. J. *et al.* (2008) J. Biol. Rhythms, **23**: 59-63.
7-46) Pulido, F. (2011) Oikos, **120**: 1776-1783.
7-47) Oakeson, B. B. (1954) Auk, **71**: 351-365.
7-48) Cornelius, J. M. (2013) Endocrinology, **190**: 47-60.
7-49) O´Reilly, K. M., Wingfield, J.C. (1995) Am. Zool., **35**: 222-233.
7-50) Jacobs, J. D., Wingfield, J. C. (2000) Condor, **102**: 35-51.
7-51) Farner, D. S. (1960). "Proc. XII Int. Ornithol. Cong." Bargman, G. *et al.*, eds., p. 197-208.
7-52) King, J. R. *et al.* (1963) Ecology, **44**: 513-521.
7-53a) Berthold, P. (1996) "Control of Bird Migration" Chapman Hall Press, London, p. 355.
7-53b) Berthold, P. (1999) Ostrich, **70**: 1-12.

7-54) Dolnik, V. R. (1975) Zoologicheskii Zhumal, **54**: 1048-1056.
7-55) Dolnik, V. R. (1976) "Fotoperiodizm Zhivotnykhi Rastenii" Zaslavsky, L., ed. , Akademiya Nauk SSSR, Leningrad, p. 47-81.
7-56) Biebach, H. (1990) "Bird Migration" Gwinner, E., ed., Springer-Verlag, Berlin, p. 352-367.
7-57a) Gwinner, E. (1986). "Circannual Rhythms" Springer-Verlag, Berlin.
7-57b) Ramenofsky, M. (1990) "Bird Migration" Gwinner, E., ed., Springer-Verlag, Berlin, Heidleberg, p. 214-231.
7-58) Gwinner, E. (1996) Ibis, **138**: 47-63.
7-59) Gwinner, E. (1990) "Bird Migration: Physiology and Ecophysiology" Gwinner, E., ed., Springer-Verlag, Berlin, p. 257-268.
7-60) Farner, D. S., Lewis, R. A. (1971) "Photoperiodicity, vol. 6" Giese, A. C., ed., Academic Press, New York, p. 325-370.
7-61) Farner, D. S., Gwinner, E. (1980) "Avian Endocrinology" Epple, A., Stetson, M.H., eds., Academic Press, New York, p. 331-366.
7-62) Wingfield, J. C., Farner, D. S. (1980) Prog. Rep. Biol., **5**: 62-101.
7-63a) John, T. M., George, J. C. (1978) Physiol. Zool., **51**: 361-370.
7-63b) Smith, J. (1982) Condor, **84**: 160-167.
7-64) Chandola, A., Pathak, V. (1980) Gen. Comp. Endocrinol., **41**: 270-273.
7-65) Pathak, V. K., Chandola, A. (1982a) Horm. Behav., **16**: 46-58.
7-66) Pathak, V. K., Chandola, A. (1982b) Gen. Comp. Endocrinol., **47**: 433-439.
7-67) Campbell, R. R., Leatherland, J. F. (1979) Can. J. Zool., **57**: 271-274.
7-68) Pethes, G. *et al.* (1979) Acta Vet. Acad. Sci. Hung., **27**: 175-177.
7-69) Harvey, S. *et al.* (1978) Neuroendocrinology, **26**: 249-260.
7-70) Gray, J. M. *et al.* (1990) Gen. Comp. Endocrinol., **79**: 375-384.
7-71) Holberton, R. L. *et al.* (1999) "Proc. 22nd. Int. Ornithol. Cong." Adams, N., Slotow, R., eds., BirdLife South Africa, Johannesburg, South Africa, p. 847-866.
7-72) Holberton, R. L. *et al.* (2007) Physiol. Biochem. Zool., **80**: 125-137.
7-73) Holberton, R. L., Dufty, A. M. Jr. (2005) "Birds of Two Worlds" Marra, P., Goldberg, R., eds., Johns Hopkins University Press, Baltimore, p. 290-302.
7-74) Landys, M. M. *et al.* (2003) J. Exp. Biol., **207**: 143-154.
7-75) Landys, M. M. *et al.* (2004) Physiol. Biochem. Zool., **77**: 658-668.
7-76) Löhmus, M. *et al.* (2005) Behav. Ecol. Sociobiol., **54**: 233-239.
7-77) Long, J. A., Holberton, R. L. (2004) Auk, **121**: 1094-1102.
7-78) Breuner, C. W. *et al.* (2003) Amer. J. Physiol. Regul. Integr. Comp. Physiol., **285**: R594-R600.
7-79) Breuner, C. W., Orchinik, M. (2001) J. Neuroendocrinol., **13**: 412-420.

7-80) Breuner, C. W. *et al.* (1998) Gen. Comp. Endocrinol., **111**: 386-394.
7-81) Breuner, C. W., Orchinik, M. (2002) J. Endocrinol., **175**: 99-112.
7-82) Breuner, C. W., Wingfield, J. C. (2000) Horm. Behav., **37**: 23-30.
7-83) Totzke, U. *et al.* (1998) J. Endocrinol., **158**: 191-196.
7-84) Holberton, R. L. *et al.* (2008) Gen. Comp. Endocrinol., **155**: 641-649.
7-85) Schwabl, H. *et al.* (1988) Gen. Comp. Endocrinol., **71**: 398-405.
7-86) Meier, A. H., Ferrell, B. R. (1978) "Chemical Zoology, vol. 10" Florkin, H. *et al.*, eds., Academic Press, New York, p. 213-271.
7-87) Meier, A. H. *et al.* (1980) "Acta XVII Int. Ornithol. Cong." Nöhring, R., ed., Deutsche Ornithologen-Gesellschaft, p. 458-462.
7-88) Follett, B. K. (1984) "Marshall's Physiology of Reproduction 1. Reproductive cycles of vertebrates" Lamming, G.E., ed., Churchill-Livingstone, Edinburgh, p. 283-350.
7-89) Rankin, M. A. (1991) Amer. Zool., **31**: 217-230.
7-90) Péczely, P. (1976) Gen. Comp. Endocrinol., **30**: 1-11.
7-91) Ramenofsky, M. *et al.* (1995) Condor, **97**: 585-587.
7-92) Landys-Ciannelli, M. M. (2002) Physiol. Biochem. Zool., **75**: 101-110.
7-93a) Löhmus, M. *et al.* (2003) Gen. Comp. Endocrinol., **131**: 57-61.
7-93b) Ramenofsky, M. *et al.* (2003) "Avian Migration" Berthold, P. *et al.*, eds., Springer-Verlag, Berlin, p. 97-111.
7-94) Falsone, K. *et al.* (2009) Horm. Behav., **56**: 548-556.
7-95) Simon, J. (1989) Crit. Re. Poult. Bio., **2**: 121-148.
7-96) Goodridge, A. G. *et al.* (1991) Proc. Nutr. Soc., **50**: 115-122.
7-97) Remage-Healey, L. *et al.* (2001) Am. J. Physiol., **281**: R994-R1003.
7-98) Landys, M. M. *et al.* (2006) Gen. Comp. Endocrinol., **148**: 132-149.
7-99) Herwig, A. *et al.* (2014) Thyroid, **24**: 1575-1583.
7-100) Morton, M. L. (1967) Condor, **69**: 491-512.
7-101) Cochran, W., Wikelski, M. (2004) "Birds of Two Worlds" Marra, P., Greenberg, R., eds., Johns Hopkins Univ. Press, Baltimore.
7-102) Cassone, V. M., Menaker, M. (1984) J. Exp. Zool., **232**: 539-549.
7-103) Gwinner, E. *et al.* (1993) Gen. Comp. Endocrinol., **90**: 119-124.
7-104) Arendt, J. (1998) Rev. Reprod., **3**: 13-22.
7-105) Kumar, V. *et al.* (2000) J. Comp. Physiol., A **186**: 205-215.
7-106) Fusani, L., Gwinner, E. (2001) "Perspectives in Comparative Endocrinology: Unity and Diversity" Goos, H.J.T. *et al.*, eds., Moduzzi Press, Bologna, p. 295-300.
7-107) Biebach, H. (1985) Experimentia, **41**: 695-697.
7-108) Gwinner, E. *et al.* (1985) Naturwissenschaften, **72**: 51-52.
7-109) Gwinner, E. *et al.* (1988) Oecologia, **77**: 321-326.

7-110) Hau, M. *et al.* (2002) Gen. Comp. Endocrinol., **126**: 101-112.
7-111) Rattenborg, N. C. *et al.* (2004) PLoS Biol., **2**: 1-13.
7-112) Rattenborg, N. C. *et al.* (2000) Neurosci. Biobehav. Rev., **24**: 817-842.
7-113) Stuber, E. F., Bartell, P. A. (2013) J. Ethol., **31**: 151-158.
7-114) Berthold, P., Querner, U. (1988) J. Ornithol., **129**: 372-375.
7-115) Cochran, W. *et al.* (2004) Science, **304**: 405-408.
7-116) King, J. R. (1961) Condor, **63**: 128-142.
7-117) Boswell, T. *et al.* (2002) Mol. Brain Res., **100**: 31-42.
7-118) Boswell, T. (2010) "Encyclopedia of Animal Behavior" Breed, M. D., Moore, J., eds., Academic Press, Oxford, p. 738-743.
7-119) Richardson, R. D. *et al.* (1993) Am. J. Physiol., **264**: R852-R856.
7-120) Richardson, R. D. *et al.* (1995) Am. J. Physiol., **268**: R1418-R1422.
7-121) Maney, D. L., Wingfield, J. C. (1998b) Horm. Behav., **33**: 16-22.
7-122) Richardson, R. D. *et al.* (2000) Physiol. Behav., **71**: 213-216.
7-123) Boswell, T. *et al.* (1995) Am. J. Physiol., **269**: R1462-R1468.
7-124) Boswell, T. *et al.* (1997) Comp. Biochem. Physiol. A-Physiology, **118**: 721-726.
7-125) Schüz, E. (1952) Vom Vogelzug. Grundiss der Vogelzugskunde, Schops, Frankfurt am Main.
7-126) Farner, D. S., Mewaldt, L. R. (1955) Condor, **57**: 112-116.
7-127) Evans, P. R. (1970) Sci. Prog. Oxford, **58**: 263-275.
7-128) Weise, C. M. (1967) Condor, **69**: 49-68.
7-129) Owen, J. *et al.* (2014) Behav. Ecol. Sociobiol., **68**: 561-569.
7-130) Ramenofsky, M., Nemeth, Z. (2014) Horm. Behav., **66**: 148-158.
7-131) Schwabl, H., Farner, D. S. (1989a) Condor, **91**: 108-112.
7-132) Lofts, B., Marshall, A. J. (1961) Ibis, **103**: 189-194.
7-133) Morton, M. L., Mewaldt, L. R. (1962) Physiol. Zool., **35**: 237-247.
7-134) Yokoyama, K. (1976) Cell Tiss. Res., **174**: 391-416.
7-135) Yokoyama, K. (1977) Cell Tiss. Res., **176**: 91-108.
7-136) Stetson, M. H., Erickson, J. E. (1971) Gen. Comp. Endocrinol., **17**: 105-114.
7-137) Mattocks, P. W. Jr. (1976) Thesis, University of Washington, Seattle.
7-138) Yokoyama, K., Farner, D. S. (1978) Science, **201**: 76-79.
7-139) Gwinner, E., Czeschlik, D. (1977) Oikos, **30**: 364-372.
7-140) Schleussner, G. *et al.* (1985) Physiol. Zool., **58**: 597-604.
7-141) Hahn, T. P. *et al.* (1995) Amer. Zool., **35**: 259-273.
7-142) Hunt, K. *et al.* (1995) Amer. Zool., **35**: 274-284.
7-143) Ramenofsky, M. *et al.* (2008) Condor, **110**: 658-671.
7-144) Andriaenson, F., Dhondt, A. A. (1990) J. Animal Ecol., **59**: 1077-1090.

7-145) Lundberg, P. (1988) Trends Ecol. Evol., **3**: 172-175.
7-146) Ketterson, E., Nolan, V. Jr. (1976) Ecology, **57**: 679-693.
7-147) Schwabl, H., Silverin, B. (1990) "Bird Migration" Gwinner, E., ed., Springer-Verlag, Berlin, Heidelberg, p. 144-155.
7-148) Fudickar, A. M. *et al.* (2013) J. Animal Ecol., **82**: 863-871.
7-149) Partecke, J., Gwinner, E. (2007) Ecology, **88**: 882-890.
7-150) Belthoff, J. R., Dufty, A. M. Jr. (1998) Anim. Behav., **55**: 405-415.
7-151) Lack, D. (1954) "The Natural Regulation of Animal Numbers" Oxford University Press, London.
7-152) Runfeldt, S., Wingfield, J. C. (1985) Anim. Behav., **33**: 403-410.
7-153) Schwabl, H. *et al.* (1984) Auk, **101**: 499-507.
7-154) Silverin, B. *et al.* (1986) Ornis Scand., **17**: 230-236.
7-155) Silverin, B. *et al.* (1989b) Gen. Comp. Endocrinol., **75**: 148-156.
7-156) Nilsson, J.-Å., Smith, H. G. (1985) Ornis Scand., **16**: 293-298.
7-157) Alerstam, T. (1981) "The Course and Timing of Bird Migrations" Cambridge University Press, New York.
7-158) Alerstam, T., Lindstrom, A. (1990) "Bird Migration: physiology and ecophysiology" Gwinner, E., ed., Springer Verlag, Berlin, p. 335-351.
7-159) Moore, M. C. *et al.* (1982) Condor, **84**: 410-419.
7-160) Romero, M. L. *et al.* (1997) Comp. Biochem. Physiol. C, **116**: 171-177.
7-161) Schwabl, H. *et al.* (1991) J. Comp. Physiol. B, **161**: 576-580.
7-162) Scanes, C. G. *et al.* (1980) Gen. Comp. Endocrinol., **41**: 76-89.
7-163) Berthold, P. (1984) Ring, **10**: 120-121.
7-164) Holberton, R. L. *et al.* (1996) Auk, **113**: 558-564.
7-165) Smith, G. T. *et al.* (1994) Physiol. Zool., **67**: 526-537.
7-166) Wingfield, J. C. *et al.* (1994) J. Exp. Zool., **270**: 372-380.
7-167) Silverin, B. *et al.* (1997a). Func. Ecol., **11**: 376-384.
7-168) Silverin, B., Wingfield, J. C. (1998) J. Avian Biol., **29**: 228-234.
7-169) Gwinner, E. *et al.* (1992) Naturwissenschaften, **79**: 276-278.
7-170) Jenni, L. *et al.* (2000) Am. J. Physiol., **278**: R1182-R1189.
7-171) Hasselquist, D. *et al.* (2007) J. Exp. Biol., **210**: 1123-1131.
7-172) Sharp, P. J. *et al.* (2008) Gen. Comp. Endocrinol., **158**: 2-4.
7-173) Prokop, J.W. *et al.* (2014) PLoS One, **9**: e92751.
7-174) Kochan, Z. *et al.* (2006) Gen. Comp. Endocrinol., **148**: 336-339.
7-175) Wingfield, J. C., Ramenofsky, M. (1997) Ardea, **85**: 155-166.
7-176) Wingfield, J. C., Ramenofsky, M. (1999) "Stress Physiology in Animals" Balm, P.H.M., ed., Sheffield Acad. Press, Sheffield, UK.

7-177) Wingfield, J. C. *et al.* (1998) Am. Zool., **38**: 191-206.

7-178) Wingfield, J. C., Kitaysky, A. S. (2002) Integ. Comp. Biol., **42**: 600-610.

7-179) Witter, M. S., Cuthill, I. C. (1993) Phil. Trans. R. Soc. Lond. B, **340**: 73-92.

7-180) Lima, S. L. (1998) Adv. Study Behav., **27**: 215-290.

7-181) McNamara, J. M. (1994) J. Avian Biol., **25**: 287-302.

7-182) Svardson, G. (1957) Brit. Birds, **50**: 314-343.

7-183) Bock, C. E., Lepthien, L. W. (1976) Am. Nat., **110**: 559-571.

7-184) Larson, D. L., Bock, C. E. (1986) Ibis, **128**: 137-140.

7-185) Wingfield, J. C., Romero, L. M. (2000) "Handbook of Physiology, Sect. 7, vol. 4" McEwen, B.S., ed., Oxford University Press, Oxford, p. 211-236.

7-186) Astheimer, L. B. *et al.* (1992) Ornis Scandinavica, **23**: 355-365.

7-187) Stuebe, M. M., Ketterson, E. D. (1982) Auk, **99**: 299-308.

7-188) Buttemer, W. A. *et al.* (1991) J. Comp. Physiol. B, **161**: 427-431.

7-189) Deviche, P. (1992) Horm. Behav., **26**: 394-405.

7-190) Deviche, P. *et al.* (1993) Brain Res., **18**: 220-226.

7-191) Maney, D. L., Wingfield, J. C. (1998a) J. Neuroendocrinol., **10**: 593-599.

7-192) Savard, R. *et al.* (1991) Can. J. Physiol. Pharmacol., **69**: 1443-1447.

7-193) Ramenofsky, M. *et al.* (1999) Comp. Biochem. Physiol. A, **122**: 385-397.

7-194) Egeler, O. *et al.* (2000) J. Comp. Physiol. B, **170**: 169-174.

7-195) Wingfield, J. C. *et al.* (1983) Auk, **100**: 56-62.

7-196) Wingfield, J. C. (1984) J. Exp. Zool., **232**: 589-594.

7-197) Astheimer, L. B. *et al.* (1995) Horm. Behav., **29**: 442-457.

7-198) Totzke, U. *et al.* (2000) J. Comp. Physiol. B, **170**: 627-631.

7-199) Gratto-Trevor, C. L. *et al.* (1991) J. Field Ornithol., **62**: 19-27.

7-200) Mizrahi, D. S. *et al.* (2001) Auk, **118**: 79-91.

7-201) O'Reilly, K. M., Wingfield, J. C. (2001) Gen. Comp. Endocrinol., **124**: 1-11.

7-202) Tsipoura, N. *et al.* (1999) J. Exp. Zool., **284**: 645-651.

7-203) Piersma, T. *et al.* (2000) Gen. Comp. Endocrinol., **120**: 118-126.

8. クマの移動と冬眠

坪田敏男

　クマの生態の中で最もおもしろい点を挙げるなら間違いなく冬眠であろう．大型哺乳類の中では唯一，冬眠すなわち長期間の絶食と低体温という特殊な生理機構を獲得した動物である．冬眠期間は1年の半分近くを占め，この時の移動距離は0ということになる．彼らは，肉食から草食に適応進化する間に，冬期の餌の枯渇を冬眠によって凌ぐようになった．一方，十分に食物を確保できない時や交尾期に配偶相手を探し回る時，さらには若齢期に親から独立する時などには大きな移動がみられる．このようにクマの移動は，冬眠や繁殖と密接に関連して大きく変化するのが特徴的である．

8.1　クマの生活史

　日本にはツキノワグマ（*Ursus thibetanus*）とヒグマ（*U. arctos*）の2種のクマ類（Ursidae）が生息するが（**図8.1**），その生活史に大きな違いはない．ここでは生活史の中でも重要な位置を占める**食性**と**繁殖**に関して，クマ類全

図8.1　ヒグマ（左）とツキノワグマ（右）
日本にはヒグマとツキノワグマの2種が，各々北海道と本州・四国に生息する．ヒグマの方がツキノワグマより大きいが，その生活史はほとんど同じである．

8章 クマの移動と冬眠

体について概説する．クマ類は，うまく**適応進化**してきた動物であり，北半球を中心に今もなお広く分布している．元来，食肉類でありながら，**草食性**に進化を遂げ，ホッキョクグマを除く他のクマ類では，**肉食性**はほとんど影を潜めている．日本のヒグマとツキノワグマも同様に大半を植物に依存し，生活している（**図 8.2**）．その生活史の中で，どのようにしてあの巨体を維持しているのか，とても不思議なことである．それがクマ類の最大の特徴であり，興味が尽きない点でもある．まずは，その食性から眺めていくことにしよう．

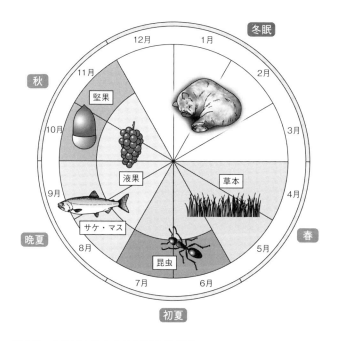

図 8.2 食性によるクマの生活史模式図
クマの生活史の特徴は，冬季に冬眠することである．活動期には，季節ごとの食物資源に応じて柔軟に食物メニューを変える（春：草本，初夏：草本や昆虫，晩夏：サケ・マスや液果，秋：液果や堅果など）．

8.1.1 食　性

　冬眠明けの春先には，ミズバショウやザゼンソウなどの草本を食べて，冬眠状態にあった体を徐々に活動期のそれに慣らしていく．初夏にはフキやセリ科草本が栄養価を高めるので，これらを大量に食べることによって効率よく植物から栄養素を得ている．7〜8月頃が最も餌資源が減る季節で，引き続き草本を食べる一方，高山帯に移動して高山植物（ハクサンボウフウ地下茎やハイマツ球果など）を食べる．また，朽木や石の下に巣くうアリ類を食べるために歩道や道路沿いに出てくることもある．一方，人里域に侵出するクマもいて，畑作物（デントコーンや甜菜など）を荒らして食べる．その後は液果類やベリー類が実りだすので，食べるメニューが一気に増える．秋になるとヤマブドウやサルナシ，マタタビなどの液果類，さらにはブナ科（ブナ，ミズナラ，コナラ，クリなど）の堅果類を大量に食べる．北海道では，8月頃からカラフトマス（$Oncorhynchus\ gorbuscha$）が，10月頃よりシロザケ（$O.\ keta$）が一部の河川に溯上するので，それらの動物性タンパク質も重要な食物となる．年によっては堅果類や液果類の実りが悪い凶作となることもあるので，そのような年には，人里に出てきては人家の果樹などを漁ることになる．冬の間（およそ12月〜翌4月）は冬眠に入るので，一切の採食がない．

8.1.2 消化機構と内分泌制御

　元来，食肉類に属する動物なので，消化器官は形態的には肉食性に適応している．すなわち，発達した盲腸や結腸などをもたず，消化管は単純なつくりとなっている．したがって，草本や果実類などが未消化のまま糞中に排出されることになる．どれだけの効率で栄養素を消化吸収しているのか不明であるが，草食獣のように効率よく植物から栄養を得ているわけではないようである．一方，栄養状態の指標となる体脂肪の蓄積については，効率よく蓄積できるような生理機構および内分泌メカニズムが働いている．冬眠に備えて秋期から冬眠前時期までは，堅果類・液果類を飽食し，皮下脂肪として体脂肪を蓄積する．冬眠中は主に体脂肪を消費して，エネルギーと水分を得ている．

8章　クマの移動と冬眠

　体重は，次のような周年変化を示す．すなわち冬眠中は一切の摂食と飲水がないので体重は減る一方である．春には冬眠から覚醒してしばらくは草本を中心とした植物が食物となるので，体重は回復しない．また，この季節に交尾期が重なるので，なおさら体重が増大することはない．夏期（7～8月）に最も体重が低下し，その後，餌資源の回復とともに体重が増大する．10～11月頃の過食期には最大の体重となり，そのまま冬眠に入る．栄養状態を表す体重以外の指標として，従来は血中ヘモグロビン濃度や**クレアチニン**濃度などが使われていたが，最近になって血中脂質濃度やリポタンパク質濃度などがあげられている[8-1]．

　内分泌制御としては，食欲に関わる**グレリン**や**アディポネクチン**などが関係していると考えられるが，クマ類ではこれまでにほとんど明らかにされていない．レプチンに関しては後述する．

8.1.3　繁　殖

　一般的にクマ類の**交尾期**は5～7月頃の初夏である．すなわち，冬眠から覚醒しておよそ2か月後に相当する．栄養状態としては決して良好な時期とはいえないが，雌は個体毎に数日～十数日間発情して交尾行動を示す．Booneら[8-2]によるとクマの排卵様式は**交尾排卵**であり，交尾刺激および雄からの何らかのにおい刺激によっても排卵する[8-3]．排卵・受精後は，胚が**胚盤胞**まで発達し，その段階でほぼ発達を停止する．いわゆる**着床遅延**（胚の発育停止）が数か月間続く．そして，冬眠に入る11月下旬～12月上旬に着床する．その後，胎子としての発育がみられ，およそ60日で発育を完了して，冬眠中の1月下旬～2月上旬に出産に至る．繁殖に関わる内分泌制御については後述する．

8.2　移動と分散

　クマは，生後1～2年ほどの間，親と共に生活をする．1～2年後には親から独立するが，雄は**分散**，雌は母親の近くに定住する傾向にある．分散については国内外の事例を紹介し，さらに**子別れ**のメカニズムを詳述する．

8.2.1 子別れと分散

子グマは，生後1～2年母親の世話を受けて成長する（図8.3）．出生直後は乳汁のみで育てられるが，冬眠から醒めて母親といっしょに野外に出てくる頃には，他の食物（草本や新芽）も食べることができるほどにまで発育している．ツキノワグマで通常およそ1.5年，ヒグマで通常およそ1.5～2.5年間の哺育期間を経て，親元を離れる（いわゆる子別れが起こる）．その後の行動は雄と雌とで大きく異なる．すなわち，雄は親元から離れるよう大きく移動する．この行動は分散と呼ばれる．一方，雌は親元近くに留まり，その付近で**行動圏**をもつようになる．分散過程で，幼若な雄は厳しい**淘汰圧**にさらされる．人為的あるいは自然の中で死亡する雄は多い．この分散行動に関わる生理および内分泌機構については知られていない．

図 8.3　親子のヒグマ
通常一腹産子数は2で，ときに1または3の場合がある．
母親は1.5～2.5年子を連れて生活する．

8.2.2　母親の栄養状態と子別れの関係

最近になって，母親の栄養状態が全哺育期間（すなわち子別れまでの期間）に与える影響について知見が得られつつある．スウェーデンのヒグマについて，体重が17～69 kgで親元を離れ，子を連れる期間としては1.4～1.5年

8章 クマの移動と冬眠

もしくは 2.4 ～ 2.5 年のいずれかであることが報告されている[8-4].そして，2 年目にも 1 歳子が母親に連れられる割合は，1 歳子の体重が少ないほど高かった．これらのことは，母親がある程度自立できるレベルにまで育て上げるために哺育期間を延長させることがあり，そのことが将来の子の生存率および繁殖成功度に影響することを示していると考えられる．最も繁殖成功度の高い雌は，常に栄養状態の良い個体であり，哺育期間が 1.4 ～ 1.5 年と短い期間であっても十分自立できる子を育て上げ，すぐに次の繁殖に入ることができるということになる．北海道でも知床半島ルシャ地域で同様のことがみられ，早ければ 2 年周期で繁殖している個体が存在する．

8.2.3 子別れのメカニズム

最近，子別れのメカニズムについても知見が増えてきている．ヒグマでは，先に書いた通り，大きくは 1.4 ～ 1.5 年あるいは 2.4 ～ 2.5 年で子別れする 2 パターンがあり，前者では 1 歳子を交尾期に離すことが知られている．その時，子別れは子グマから離れていくのではなく，むしろ母親が強制的に子グマを離すようである．すなわち，交尾期に 1 歳子を連れた雌が子別れする際には，その前に雄との遭遇がみられ，雄に遭遇すると，母親は交尾のために子を離すと考えられる[8-5].一般的に哺乳類では，授乳をしている雌は血液中の**プロラクチン**（PRL）濃度が上昇している．その影響でいわゆる**視床下部―下垂体―生殖腺軸**の活動が抑えられており，発情（卵巣での卵胞発育および**エストロゲン**合成）が起こらない（図 8.4）．ツキノワグ

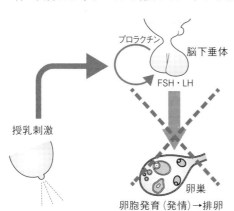

図 8.4 泌乳性無発情のメカニズム
一般的に哺乳類では，泌乳時には視床下部―脳下垂体―生殖腺軸の活動は抑制され，発情が誘起されない．泌乳刺激が解除されることにより，次の繁殖活動が始まる．FSH：濾胞刺激ホルモン，LH：黄体形成ホルモン.

マでも出産後に血中 PRL 濃度の上昇が確認されており [8-6]，発情誘起のメカニズムが抑制されているようである．しかしながら，クマの場合，1歳子を連れている雌では授乳頻度は低下しており（子は自分で食物を食べている），泌乳性無発情のシグナルはすでに解除されていることが予想される．子の大きさと授乳頻度の関係については明らかにされていない．

8.3　繁殖の行動と生理，内分泌制御

クマ類の交尾期は初夏にみられ，着床遅延を経て冬眠中に出産をする．雄・雌各々の**繁殖行動**，**季節繁殖性**ならびに**着床遅延**を中心に繁殖生理と内分泌機構を詳述する．

8.3.1　繁殖行動

クマ類の場合，交尾期後の繁殖に投資するコストは雌雄でまったく異なる．雄は交尾相手を見つけて精子を提供するまでのエネルギーコストは甚大であるが，その後はゼロである．すなわち，子育てに関与することは一切ない．雌だけが，**妊娠**，**出産**，**哺育**（子育て）のすべてを行う．クマ類は，ふだん単独（親子を除く）で生活しているが，交尾期になると雄と雌がペアとなり，交尾行動を示す（**図 8.5**）．その際の配偶（交尾）システムは**乱婚型**と考えられている．すなわち，発情した雌に複数の雄が交尾し，さらに1頭の雄が複数の雌と交尾することが判明している．ただし，実際に父親になれる雄は大型で優位な個体に限られているようである．交尾により妊娠が成立すると，

図 8.5　ヒグマの交尾
交尾期は5～7月の初夏にみられ，この時だけ雄と雌がペアとなり，生活を共にする．雄が繁殖に関与するのは交尾の時だけで，それ以降の繁殖プロセス（妊娠，出産，哺育）はすべて雌が担う．

8章 クマの移動と冬眠

その後の繁殖プロセスは雌の体内で営まれ，出産および哺育は冬眠中に行われる．

8.3.2 繁殖生理

クマ類は，他の野生動物でもみられるように**季節繁殖性**を示す．すなわち，1年のうちである限られた期間に交尾と出産がみられる．ヒグマ，ツキノワグマともに，およそ5〜7月が交尾期で，1〜2月が出産期である．また，クマ類の繁殖生理で最も興味深い点は着床遅延がみられることである．妊娠した雌では，数か月間の着床遅延期間を経て，ちょうど冬眠に入る11月下旬〜12月上旬に着床がみられる．着床遅延期間には，胚はほぼ発育を停止するが，子宮からの未着床胚維持機構によって胚盤胞の段階で生存し続ける（図8.6）．着床時の変化は，血中**プロゲステロン**濃度が顕著に上昇することであるが，それ以外に体温や子宮の血流量にも変化がみられる（図8.7，コラム8.1参照）．着床後には約2か月で胎子の成長は完了し，冬眠中の1月下旬〜2月上旬に出産される．

図8.6　ツキノワグマから回収された着床遅延中の胚
クマの場合，初夏に交尾をしてもその後数か月間は着床が起こらず，着床遅延が維持される．その時の胚は，胚盤胞の段階まで発育するが，それ以上の分化は起こらない．

コラム8.1
妊娠および偽妊娠個体の体温変化

妊娠および偽妊娠の雌以外の個体では，8.4.2項のような体温調節のしくみがみられるが，妊娠および偽妊娠の雌の場合，体温はどういう変化を示すのだろうか？　クマは着床遅延するので，交尾期から着床（冬眠に入る時期）まで，比較的低い血中プロゲステロン濃度で推移し，着床にともなって，他

の動物でみられるような妊娠時のプロゲステロン濃度まで上昇することがわかっている（**図8.7**）．その後，出産時期（1月下旬～2月上旬）まで高プロゲステロン濃度は維持され，出産後には基底値にまで低下する．この高いレベルのプロゲステロン濃度が維持されている期間，妊娠および偽妊娠雌ではプロゲステロンの作用によって体温が高く維持される．なお，偽妊娠では着床が起こらないが，プロゲステロン濃度は妊娠時と変わらない変化を示すこともわかっている．出産後（2月上旬以降）に体温が低下するが，子を哺育していることで若干高い体温に保たれていることを示唆するデータも得られている（坪田ら，未発表）．

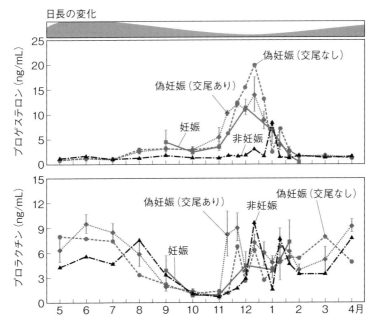

図8.7 ツキノワグマにおける妊娠，偽妊娠および非妊娠にともなう血中プロゲステロンおよびプロラクチン濃度の周年変化
ツキノワグマでは，着床遅延中には血中プロゲステロン濃度は低レベルで維持され，着床（11月下旬～12月上旬）とともに顕著な上昇をみせる．偽妊娠の場合にも妊娠時とほぼ同じプロゲステロン濃度の変化を示す．非妊娠時には，血中プロゲステロン濃度は1年を通して低レベルで維持される．また，血中プロゲステロン濃度上昇に先んじて血中プロラクチン濃度が上昇する．

8.3.3　繁殖の内分泌制御

　まず，雄については，冬眠中の1～2月より精子形成の再開が始まる．この時，血中**テストステロン**濃度に加えて血中**エストロゲン**濃度も少し上昇する．加えて，生殖腺刺激ホルモンとしての作用をもつ PRL 濃度もテストステロンと同様に上昇することが認められている．血中テストステロン値は交尾期前から交尾期前半に大きく上昇し，精子形成および性行動の発現を促している．この時期，配偶者獲得のための雄同士の闘争が激しくなる．

　一方，雌については，交尾期の発情にはエストロゲンが関与していると考えられるが，血中あるいは糞中レベルの変化を示した論文は見当たらない．交尾すなわち排卵後には黄体が形成され，プロゲステロンが合成され，血中レベルも高くなる．しかしながら，通常の妊娠レベルよりも低く，そのレベルで着床遅延期間中は維持される．着床を引き起こす因子は PRL と考えられており，着床時期に一過性に PRL レベルが上昇する（図 8.7）．それにともなって黄体機能が活性化し，プロゲステロン分泌量が増加する．本来の妊娠（胎子発育）期間中は，プロゲステロンが高いレベルで維持され，出産とともに基底値にまで低下する．哺育にともなって再び血中 PRL 濃度が上昇することもわかっている．近年，内分泌動態以外の方法でも出産や哺育を知ることが認められている．Friebe ら[8-7]は，活動量に加えて体温の変化により妊娠期間と出産日を特定することができると報告している．

8.4　冬眠の行動と生理，内分泌制御

　クマ類の一年の生活は，**移行期**（walking hibernation），**活動期**（active），**過食期**（hyperphagia）および**冬眠期**（hibernation）の4つに区分される．それぞれの生理および内分泌機構について解説する．クマの冬眠の行動と生理については川道ら[8-8]の成書に詳しい．ここでは最近の知見を中心に紹介する．

8.4.1　冬眠期およびその前後期間における行動

　移行期（およそ3～4月）は，冬眠から醒めて活動期に至る期間であり，

冬眠中に低下した体温は活動時の体温に戻るが，代謝は十分には回復しておらず，低代謝状態が続いている[8-9]．野外での観察では，冬眠穴周辺で行動し，足慣らしのような行動がみられる．おそらく食物もほとんど摂取することなく，徐々に消化器系の働きを高めていくのであろう．活動期（およそ5～9月）になると，移動距離が長くなり行動圏が広がるが，食物資源の現存量と配偶相手の存在によってその大きさは異なる．また，交尾期には雄が雌を求めて探索する行動がみられる．

　過食期（およそ10～11月）になると，クマの行動は一変する．すなわち，冬眠に備えて皮下脂肪を蓄積するための摂食行動が増す．この時期の最も重要な食物はブナ科植物の堅果類（いわゆるドングリ）である．ドングリは脂質より炭水化物（糖）の含量が多く，資源量としては著しく大きい．ただし，年による豊凶の差が著しく，豊作年には十分量のドングリを食べることができるが，凶作年にはほとんどドングリが実らないので，クマにとっては厳しい年となる．そういう年には堅果類に代わって液果類（ヤマブドウ，サルナシ，マタタビなど）を得て，何とか凌ごうとするが，それでも足りない時には人里に出没して民家の畑や果樹などをねらうことになる．これがいわゆる大量出没につながる[8-10]．冬眠期（およそ12～翌3月）には，クマ類は中途覚醒することなく数か月間ずっと眠り続ける（口絵 VI-8章参照）．

8.4.2　冬眠生理

　クマ類では，冬眠に入っても体温の降下度は小さい．すなわち，活動時が37～38℃であるのに対して冬眠中には31～35℃になる．以前から冬眠中のクマの体温は4～5℃の変動幅があると報告されていたが，最近になって新たな体温センサーやデバイスを使った研究が行われるようになり，より詳細な体温変化がわかってきた．Tøienら[8-9]およびHarlowら[8-11]によると，冬眠中のクマの皮下体温および深部（腹腔内）体温は数日ごとに増減を繰り返し，30℃以下には下がらないとされる．ただし，周期性はなく，個体によっても変動間隔が異なる．さらにTøienら[8-12]は，体温上昇時にふるえ（shivering）がともなうことも報告している．すなわち，クマは冬眠に入っ

ても他の冬眠性哺乳類と同様に，新たな体温閾値（30℃付近）に再設定され，それ以上体温が低下するのを防ぐためにふるえ産熱によって深部体温を上昇させているようである．筆者らも，ツキノワグマにおいて，冬眠に入ると皮下体温と深部（腹腔内）体温が同調して数日ごとに増減しており，体温上昇にともなって心拍数が増大することを突き止めている（坪田ら，未発表）．また，冬眠中には完全絶食状態になり，排尿がみられないことから，タンパク質代謝やアミノ酸再構築機構に着目した研究，さらに数か月間の不動化による筋肉や骨の退縮に対する制御機構に着目した研究が進められている．

8.4.3 冬眠前時期の肥満メカニズム

クマは，秋期から冬眠前時期にかけて堅果類（ブナ，ミズナラ，クリなど）および液果類（ヤマブドウ，サルナシ，マタタビなど）を飽食して，大量の皮下脂肪を蓄えることがわかっている．冬眠に入ると，この皮下脂肪を栄養およびエネルギー源として利用し，タンパク質はほとんど消費されない．この皮下脂肪蓄積および消費に注目した論文が最近いくつか出されたので紹介する．

堅果類（とくにドングリ）および液果類の成分として糖（炭水化物）が多く含まれていることに着目して，ツキノワグマにおいて冬眠前時期から冬眠期にかけての糖および脂肪代謝についての研究が進められてきた．その結果，主に肝臓での糖の取り込み（**インスリン感受性**）が冬眠前時期（11月上旬）に増大していた．一方，冬眠に入ると**インスリン抵抗性**を示し，糖の取り込みが低下した[8-13]．また，冬眠前時期には肝臓および脂肪組織での脂肪合成に関わる酵素の発現が増大したのに対して[8-14]，冬眠期には脂肪分解に関わる酵素の発現が増大することも明らかになっている[8-15]．また，Nelsonら[8-16]は，インスリン感受性および抵抗性についてさまざまな遺伝子発現を調べた結果，冬眠前の肥満時期に感受性が高まり，数週間後の冬眠導入時期には抵抗性を示し，さらに冬眠覚醒時期に再び感受性を示すことを明らかにした．さらに，冬眠前時期には**成長ホルモン**の分泌量が低下し，脂肪蓄積に関与していることも報告されている[8-17]．一方，クマ類の肥満にも

レプチンが関わっていると考えられ，血中レベルでは秋期〜冬眠前時期に増加して，冬眠に入ると基底値にまで低下することが報告されている[8-18]．さらに，血中レベルの上昇とともに脂肪組織でのレプチン遺伝子の発現量の増大も認められている[8-19]．レプチンが採食行動とどのように関わっているか不明であるが，少なくともこの時期の肥満（脂肪蓄積）に深く関わっていることが予想される．

8.4.4 冬眠中の出産

クマは冬眠中の半ば（1月下旬〜2月上旬）に出産するので，冬眠後半は哺育期間に充てることになる．基本的に母親は冬眠状態にあるので，子だけが覚醒して乳汁を得ている．出生時の体重はツキノワグマで300 g，ヒグマで420 gであり，母親（各々50〜80 kgと100〜150 kg程度）の200〜300分の1と未熟な状態で生まれる（図8.8）．したがって妊娠および出産のために消費されるエネルギーは少なくてすむ．一方，出産後は高脂肪および高タンパク質の乳汁で新生子を短期間で急速に大きくする．また，クマ類に

図8.8 生後1日齢の飼育下のヒグマ
冬眠中の1月下旬〜2月上旬に出産がみられる．出生時体重は約420 gである．高脂肪高タンパク質の乳汁を分泌して哺育する．（撮影：前田菜穂子氏）

特有の**オリゴ糖**も見つかっており[8-20]，これも新生子の発育に関わっている可能性がある．このように，クマは胎子として育てるよりも，生まれた後に新生子として育てることを選んだ動物といえる．ただし，この時に消費される体脂肪量は相当な量（体重の30〜40%程度）であることもわかっている．最近の論文では，冬眠前に20%以下しか体脂肪を蓄積できなかった雌は，たとえ交尾をしても産子を得ることはできない[8-21]．また，栄養状態の良好な雌はより早く出産をして哺育期間を長くする傾向にあることも突き止められている．したがって，栄養状態の良い雌から生まれた子グマは冬眠から出てくる時点の体重がより重く，このことがその後の生存率に影響することが示唆されている．

8.5　ホッキョクグマの行動と生理

ホッキョクグマ（*U. maritimus*）は，他のクマ類と違ってほぼ**完全肉食性**であり，食物のほとんどをアザラシに依存している．冬〜春にかけての時期が最も餌資源の豊富な時期であり，そのためホッキョクグマは冬眠をしない．しかしながら，夏期に餌資源が乏しくなるので，その時期には冬眠様の生理状態になる．これを活動中の冬眠（walking hibernation）と呼んでいる．ここでは主に活動中の冬眠について生理と内分泌機構を詳述する．

8.5.1　ホッキョクグマの生活史

ホッキョクグマは，北極の海氷域を生息地とする大型肉食性哺乳類である（図8.9）．陸生の哺乳類と考えられがちであるが，海生哺乳類の一種である．冬〜春にかけての時期にはもっぱらアザラシを狩って食べる完全肉食動物であるが，それ以外の季節にはベリー類や海藻なども食していることが知られている．しかしながら，体重300〜500 kgの巨体を支えるのはほぼアザラシと考えてよい（時にシロイルカやセイウチ，海鳥なども食べる）．アザラシを食べるのは，肉から得られるタンパク質もそうであるが，むしろ皮下脂肪を好んで食していることがわかっている．そういう点では肉食性というより「脂食性」といった方が適切かもしれない．したがって1年の体格（栄養

8.5 ホッキョクグマの行動と生理

図 8.9 ホッキョクグマ
クマ類の中で唯一完全肉食性を留めている．海氷を利用してアザラシを狩って食物とするが，近年の地球温暖化によって十分な食料を確保できない状況に陥っている．（写真提供：Dr. Andrew Derocher）

状態）の変化は著しく，冬〜春に肥満し，夏〜秋に痩せるという周年変化を示す．それに合わせて，繁殖活動が営まれる．すなわち，栄養状態が最高となる春先に交尾期を迎え，成熟雌は妊娠する．その後数か月間の着床遅延期間を経て，秋には冬眠穴に入って絶食状態で数か月を過ごす．出産は1〜2月で，その後も2〜3か月間穴の中で絶食状態を維持しながら哺育を行う（この期間は乳汁だけで新生子を育てる）．その他のホッキョクグマの生活史については坪田・山中[8-22]に詳しいので，ここでは行動と生理に話を絞って解説することにする．

8.5.2 ホッキョクグマの冬眠様生理と繁殖生理

ホッキョクグマは，他のクマ類とは違って，前述したように冬から春にかけて獲物であるアザラシを捕らえることができるので冬眠しない．唯一例外なのが妊娠雌で，4〜5月の交尾期に交尾に成功して妊娠した雌は，最も食

8章　クマの移動と冬眠

料が減少する夏から秋にかけて着床遅延をし，その後さらに絶食期間を経て1〜2月に出産する．したがって他のクマ類以上に厳しい条件の中で繁殖活動を営んでいる．また，妊娠雌以外のホッキョクグマは，夏〜秋に食物資源が不足するので（海氷がないのでアザラシ狩りができない），この間をできるだけ動かずに低代謝状態でやり過ごすのである．これを活動中の冬眠と呼び，冬眠穴には入らないけれど血中**尿素／クレアチニン**濃度比を10以下の，他のクマ類でいう冬眠状態のレベルまで低下させていることがわかっている．

　ホッキョクグマも他のクマ類と同様に季節繁殖性を示し，4〜5月頃に交尾期，1〜2月に出産期がみられる．見かけ上の妊娠期間は9〜10か月ほどであるが，そのほとんどは着床遅延期間である．内分泌制御に関する知見は少なく，血中の性ステロイドホルモン濃度の変化しかわかっていない．他のクマ類と同様，雄では血中テストステロン濃度が交尾期前〜交尾期前半に高くなる．一方，雌では交尾期に血中エストラジオール濃度が高くなる．また，着床遅延中は比較的低値で血中プロゲステロン濃度が推移し，着床にともなってそれが顕著に上昇する[8-23]．

8.5.3　ホッキョクグマの危機

　近年，地球温暖化にともない海氷の量が減少し，さらには夏〜秋の絶食期間が延長し，ホッキョクグマの生存に危機が迫っていると報じられている．海氷がなくなるとアザラシ狩りに必要なプラットホームがなくなり，ホッキョクグマにとっては厳しい環境となる．Robbinsら[8-24]によると，冬眠しているホッキョクグマのエネルギー消費割合は，冬眠中のヒグマやアメリカクロクマ（*U. americanus*）のそれと変わりはないが，単に絶食している時のホッキョクグマの1日当りの脂肪損失量，エネルギー消費量および体タンパク質損失量は，冬眠中のクマよりはるかに大きいと報告している．また，妊娠雌は年間の約10か月を，子連れ雌は同様に4か月以上を絶食期間として過ごすようになっており，エネルギー収支としてはマイナスとなっている状況である．すなわち，このまま地球温暖化が進めば，ホッキョクグマの繁

殖に支障をきたすことは，まず間違いないと考えられる．

8.6 まとめ

クマ類は，進化の中で現代の地球環境に柔軟に適応してきた動物と言えよう．食肉類動物でありながら最も肝心な食性を草食性に変えるという離れ業をやってのけた動物である．その中で冬眠という特殊な生理機構を獲得し，ホッキョクグマに至っては活動期であっても餌資源量の低下にともなって低代謝（冬眠様生理）状態にすることができるというように，独特の進化を遂げたのである．この先，地球温暖化など環境の変化に対しても柔軟に対応できるのか，その点は大いに心配なところである．

8章 参考書

坪田敏男（1998）『哺乳類の生物学③生理』東京大学出版会．

坪田敏男（2000）『冬眠する哺乳類』川道武男ら 編，東京大学出版会，p. 213-233．

坪田敏男・山﨑晃司 編（2011）『日本のクマ』東京大学出版会．

坪田敏男・山中淳史 監訳（2014）『ホッキョクグマ』東京大学出版会．

8章 引用文献

8-1) Frank, N. *et al.* (2006) Am. J. Vet. Res., **67**: 335-341.

8-2) Boone, W. R. *et al.* (2004) Theriogenology, **61**: 1163-1169.

8-3) Okano, T. *et al.* (2006) J. Vet. Med. Sci., **68**: 1133-1137.

8-4) Dahle, B., Swenson, J. E. (2003) Behav. Ecol. Sociobiol., **54**: 352-358.

8-5) Dahle, B., Swenson, J. E. (2003) J. Mammal., **84**: 536-540.

8-6) Sato, M. *et al.* (2001) Biol. Reprod., **65**: 1006-1013.

8-7) Friebe, A. *et al.* (2014) PLoS ONE, **9**: 1-10.

8-8) 川道武男ら 編（2000）『冬眠する哺乳類』東京大学出版会．

8-9) Tøien, O. *et al.* (2011) Science, **331**: 906-909.

8-10) 坪田敏男（2013）日本獣医師会雑誌, **66**: 131-147.

8-11) Harlow, H. J. *et al.* (2004) J. Mammal., **85**: 414-419.

8-12) Tøien, O. *et al.* (2015) J. Comp. Physiol., B, **185**: 447-461.

8-13) Kamine, A. *et al.* (2012) Jpn. J. Vet. Res., **60**: 5-13.

8-14) Shimozuru, M. *et al.* (2012a) Can. J. Zool., **90**: 945-954.

8-15) Shimozuru, M. *et al.* (2012b) Comp. Biochem. Physiol., Part B **163**: 254-261.

8-16) Nelson, O. L. *et al.* (2014) Cell Metabolism, **20**: 376-382.

8-17) Blumenthal, S. *et al.* (2011) Am. J. Physiol. Endocrinol. Metab., **301**: E628-E636.

8-18) Tsubota, T. *et al.* (2008) J. Vet. Med. Sci., **70**: 1399-1403.

8-19) Nakamura, S. *et al.* (2008) Can. J. Zool., **86**: 1042-1049.

8-20) Urashima, T. *et al.* (1997) Biochem. Biophys. Acta, **1334**: 247-255.

8-21) Robbins, C. T. *et al.* (2012) J. Mammal., **93**: 540-546.

8-22) 坪田敏男・山中淳史 監訳（2014）『ホッキョクグマ』東京大学出版会.

8-23) Palmer, S. *et al.* (1988) Biol. Reprod., **38**: 1044-1050.

8-24) Robbins, C. *et al.* (2012) J. Mammal., **93**: 1493-1503.

略　語　表

ACTH：adrenocorticotropic hormone（副腎皮質刺激ホルモン）
AGRP：agouti-related peptide（アグチ関連タンパク質）
AKH：adipokinetic hormone（脂質動員ホルモン）
APON：anterior part of the preoptic nucleus（視索前核前部）
C：cerebellum（小脳）
CART：cocaine-amphetamine regulated transcript（コカイン-アンフェタミン調節性転写産物）
CCK：cholecystokinin（コレシストキニン）
cGnRH-II：chicken GnRH-II（ニワトリ GnRH-II）
CORT：corticosterone（コルチコステロン）
CRH：corticotropin-releasing hormone（副腎皮質刺激ホルモン放出ホルモン）
CRY：cryptochrome（クリプトクローム）
DG：diglyceride（ジグリセリド）
FFA：free fatty acid（遊離脂肪酸）
FSH：follicle-stimulating hormone（濾胞刺激ホルモン）
GH：growth hormone（成長ホルモン）
GHRH：growth hormone-releasing hormone（成長ホルモン放出ホルモン）
GnIH：gonadotropin-inhibitory hormone（生殖腺刺激ホルモン放出抑制ホルモン）
GnRH：gonadotropin-releasing hormone（生殖腺刺激ホルモン放出ホルモン）
GR：glucocorticoid receptor（グルココルチコイド受容体）
GTH：gonadotropin（生殖腺刺激ホルモン）
IGF-I：insulin-like growth factor-I（インスリン様成長因子-I）
ILP：insulin-like peptide（インスリン様ペプチド）
IT：isotocin（イソトシン）
JH：juvenile hormone（幼若ホルモン）

略語表

LH：luteinizing hormone（黄体形成ホルモン）
M：medulla oblongata（延髄）
ME：median eminence（正中隆起）
MelR：melatonin receptor（メラトニン受容体）
MR：mineralocorticoid receptor（ミネラルコルチコイド受容体）
MSH：melanocyte-stimulating hormone（黒色素胞刺激ホルモン）
NDB：nucleus of the diagonal band of Broca（対角帯核）
NIV：nucleus infundibularis ventralis（漏斗核）
NMS：nucleus medialis septi（内側中隔）
NPY：neuropeptide Y（ニューロペプチド Y）
OB：olfactory bulb（嗅球）
ON：olfactory nerve（嗅神経）
OT：optic tectum（視蓋）
PIT：pituitary（下垂体）
PN：pituitary nervosus（神経葉）
POA：preoptic area（視索前野）
POMC：proopiomelanocortin（プロオピオメラノコルチン）
PRL：prolactin（プロラクチン）
SFGS：stratum fibrosum et griseum superficiale（視蓋表層）
sGnRH：salmon GnRH（サケ GnRH）
SMPH：summer-morph-producing hormone（夏型ホルモン）
SO：stratum opticum（視蓋視神経層）
SPV：stratum periventriculare（視蓋深層）
T：telencephalon（終脳）
T_3：triiodothyronine（トリヨードチロニン）
T_4：thyroxine（チロキシン）
TG：triglyceride（トリグリセリド）
TNG：terminal nerve ganglion（終神経節）
TRH：thyrotropin-releasing hormone（甲状腺刺激ホルモン放出ホルモン）

TSH：thyroid-stimulating hormone（甲状腺刺激ホルモン）
vmc：ventral magnocellular part of the preoptic nucleus（視索前核）
VT：vasotocin（バソトシン）
VT：ventral telencephalon（終脳腹側部）

索　引

アルファベット

AKH　26, 27, 33, 34
cGnRH-Ⅱ　19
CORT　110, 114-116, 120, 123, 125-128, 130-135
FSH　65, 66, 69-72, 79, 148
GnIH　79-81
GnRH　7, 15-21, 65-73, 79-81
GnRH1　79
GnRH2　79, 81
GnRH3　79
GnRH 受容体　72
IGF-Ⅰ　7, 65, 66, 70-72, 116
ILP　33
JH　33
LH　65, 72, 79, 148
MelR　80, 81
migration　1, 9
NPY　111, 118, 119
sGnRH　15, 18, 19, 70
T_3　4, 65, 110, 114, 116
T_4　4, 65, 110, 114, 116, 125
TRH　16-18, 65, 114
walking hibernation　156
water drive　7, 48, 49, 88

あ

アーカイバルタグ　3
アオウミガメ　95, 96
アカウミガメ　32, 95, 96
アカガエル　89, 91
アカミミガメ　94, 97
アグチ関連タンパク質　111
アサギマダラ　25, 28, 29
アシナシイモリ　85
アディポネクチン　110, 111, 146
アトリ　115, 120
アドレナリン　111
アリストテレス　1, 3, 10, 22
アロマターゼ　120
アンドロゲン　16, 17, 119-121

い

イエスズメ　114, 115
異化　102, 104, 106, 109, 116, 119, 123, 126
イソトシン　19, 65
一部個体の渡り　122-124
遺伝子発現　7, 11, 33, 46-48, 70, 154
遺伝子プログラム　9, 11, 23
移動　1, 4, 9, 12, 84, 89, 91, 101, 146
イモリ　22, 48, 85, 88, 90, 97
インスリン　7, 110, 111, 116, 119, 125, 132, 154
インスリンシグナル経路　33
インスリン様成長因子-Ⅰ　7, 65, 66, 110
インスリン様ペプチド　33

う

ウナギ　41, 42, 60, 61
ウミガメ　84, 85, 89, 91, 94-96, 101
ウミヘビ　85, 92
ウルトラディアンリズム　79, 81
運動系　12, 14, 17, 21, 67

え

栄養状態　145-148, 156, 157
エクジステロイド　35-37
エストラジオール　111, 119, 120, 158
エストロゲン　56, 148, 152
越冬　28-30, 33-36, 64, 70, 91, 92, 94, 106, 108, 109, 125
越冬回遊　61
越冬コロニー　34
越冬地　28, 92, 97, 101, 103, 105, 117, 122
エネルギー源　33, 98, 104, 112, 128, 129, 154
エネルギー代謝　6, 7, 98
エネルギーホメオスタシス　4, 7, 119
鉛直回遊　61
エンドルフィン　119, 130, 131
塩分躍層　43, 47, 48
塩類細胞　42, 43

お

黄体形成ホルモン　65, 72
オオカバマダラ　25, 29-34
オタマジャクシ　87, 88
オピオイド受容体　131
オレキシン　18
温度　4, 60, 110

か

回帰行動　17, 66, 67, 69, 73, 74
回帰性　74
概月時計　78
概日時計　4, 31, 32, 78, 80, 81, 106, 116
概日リズム　4, 78, 79, 115,

索 引

117
海水適応 7, 50, 51, 65
概年時計 106
概年リズム 4, 110, 112, 113, 115, 124, 135
海馬 13, 22
概半月時計 78-81
回遊魚 2, 5, 42, 56, 62, 82
海洋回遊 61, 62
外来種 97, 98
海流 61, 94
カエル 15, 22, 85, 90, 97
学習 9, 10
核受容体 7, 114
覚醒 5, 14, 146, 153-155
過食 104, 105, 108, 109, 112, 113, 115, 116, 118-121, 125, 126, 132, 146, 152, 153
下垂体 4, 9, 13-15, 17, 21, 43, 44, 46, 48, 60, 69-72
下垂体ホルモン 6, 67, 88
河川回遊 61
河川残留型 64
カテコールアミン 125
カメ（目）85, 86, 91, 93-95, 98, 99
カモ 1, 10
ガラガラヘビ 92
カラフトマス 63, 145
ガン 1, 10, 106, 114
換羽 103, 106-108, 113, 121, 122, 124, 126, 131, 132
感覚系 12, 14, 17, 21, 67
環境適応 3, 60, 87, 97
環境要因 4, 12, 21, 23, 60, 62, 78, 80, 101, 102, 105, 110, 128

き

記憶 10, 17, 21, 22, 66, 84,

94, 96, 97
キスペプチン 79-81
季節回遊 61
季節型 34-37
季節適応 34, 37
帰巣 105
キタテハ 34-36
偽妊娠 150, 151
弓状核 118, 119
給水地 94
休眠 28, 35, 36
休眠蛹 35-39
恐竜 89
キョクアジサシ 102
去勢 111, 120, 121, 124
銀化 7, 65

く

空間記憶 96
偶発的な渡り 101, 107, 108, 123, 128-132, 135
グルカゴン 110, 111, 116, 125, 132
グルココルチコイド 6, 7, 109, 111, 114, 119, 131
グレリン 7, 119, 146
黒潮 95

け

月周産卵 78
月周リズム 3, 4, 78
血糖 25, 26
ケトン体 104
ゲノム 11, 33, 34, 81, 97
ゲノム編集 81
嫌悪学習 22

こ

降河回遊 7, 9, 41, 42, 61, 63
交感神経系 13
航行 4, 5, 10, 17, 19-21, 96,

105, 109
光周期 110, 113, 118, 120, 121, 135
甲状腺刺激ホルモン 65, 110, 114
甲状腺刺激ホルモン放出ホルモン 17, 65, 114
甲状腺ホルモン 6, 7, 87, 88, 101, 111, 113, 114, 116, 125, 135
高浸透調節 42, 43, 47, 111
行動圏 91, 93, 105, 147, 153
行動生態学 2, 9, 23, 81
交尾排卵 146
航路 21, 22, 96
航路決定 3, 21, 105
コオバシギ 127, 128, 134
コカイン - アンフェタミン調節性転写産物 118
コガラ 123, 124
呼吸 13, 42, 85, 88, 97-99, 107
黒色素胞刺激ホルモン 110
コスト 51, 52, 84, 126, 149
コラゾニン 37
コルチコステロン 101, 110, 114
コルチゾル 54-56, 58, 65
コレシストキニン 111
子別れ 146-148
コンパス 29, 30, 32, 105

さ

サーカディアン時計 78
採餌地域 89, 92, 93
サカハチチョウ 34-36
索餌回遊 61, 63, 64-66
サクラマス 63, 64, 70-72
サケ 6, 18, 41, 42, 49, 60, 61, 63-65, 67, 144
蛹表皮褐色化ホルモン 38

索　引

サバクトビバッタ 1, 25, 37
サンショウウオ 85, 88
産卵回遊 61-63, 66, 67, 69, 72-79, 81
産卵刺激物質 28, 29
産卵リズム 62, 78, 80

し

ジオロケータ 3
視蓋 13, 15, 17-20
磁気コンパス 5, 17, 31, 32
ジグリセリド 26, 27
資源 63, 84, 89-91, 94, 97, 103, 122, 135, 144-146, 153, 156, 158, 159
視交叉上核 4
視索前核 17-19
視索前野 15, 20
脂質 25-27, 33, 34, 104, 106, 109, 114, 126, 131, 132, 134, 153
脂質代謝 26, 33
脂質動員ホルモン 26
視床下部 4, 9, 12-14, 18, 21, 60, 67, 110, 118, 121, 131
視床下部―下垂体―生殖腺系（軸）6, 7, 20, 148
視床下部―下垂体―副腎系 22, 130, 135
磁場 31, 96
脂肪体 25-27
脂肪蓄積 7, 105, 111, 113, 130, 154, 155
死滅回遊 61
社会構造 107
社会行動 106
集団産卵 73-75, 77
熟知地域 96
受容体 5, 6, 65, 72, 80, 111, 114, 119, 128
松果体 4-6, 21, 80, 110, 111

衝動 66, 72
自律神経系 13
司令ニューロン 20, 21
シロザケ 15, 22, 41, 43, 44, 60, 63, 64, 66-72, 145
神経伝達物質 62
神経分泌系 4, 19, 21
神経分泌細胞 9, 14, 15, 18, 33, 67
神経分泌ホルモン 26
神経ペプチド 14, 21, 111, 118, 131
神経ホルモン 4, 9, 20, 21, 67, 72, 79
人工衛星 3
浸透圧環境 60
浸透圧調節 41-44, 48, 49, 88, 104, 106, 135

す

睡眠 5, 102, 118
ズグロムシクイ 113, 117, 124
スズメダイ 51, 52, 78
ストレス 22, 48, 54-56, 65, 114, 127, 133, 134
ストレス応答 7, 55, 126-128, 134
ストレッサー 54, 55

せ

生活史段階 101, 107-109, 111, 112, 119, 121-123, 128-133, 135
生殖 3, 6, 13, 14, 19, 49, 60, 64, 66, 70, 103, 106, 112
生殖休眠 33
生殖行動 9, 10, 13, 15, 20, 21, 23, 67, 79
生殖腺刺激ホルモン 7, 17, 49, 110, 152

生殖腺刺激ホルモン放出ホルモン 7, 15, 65, 66
生殖腺刺激ホルモン放出抑制ホルモン 79
性ステロイド 4, 6, 7, 17, 20, 54, 56, 71, 79, 110, 111, 121, 124, 158
成長ホルモン 4, 44, 65, 66, 110, 111, 154
成長ホルモン放出ホルモン 65
生得的行動 9
生物地理学 23
生物時計 105, 106
生物リズム 4, 78, 81
性ホルモン 65, 66, 120
セグロウミヘビ 92
摂餌 34, 56, 78, 128
摂餌なわばり 51-53, 56
摂食 3, 7, 18, 105, 113, 114, 118, 119, 121, 128, 131, 132, 146
絶食 84, 143, 154, 157, 158
摂食行動 9, 10, 13, 21, 23, 153

そ

遡河回遊 41, 42, 49, 61, 62
遡上行動 49, 69

た

体液浸透圧 14, 43, 62, 111
体温 85, 86, 106, 143, 150-154
体脂肪 145, 156
体内時計 4, 5, 78, 80, 105
太平洋サケ 63, 66, 70-72, 81
太陽コンパス 30-32
単弓類 85, 86
炭水化物 25, 27, 104, 153,

索引

154
淡水適応 7, 65, 88
淡水適応ホルモン 50
タンパク質 11, 25, 26, 32, 36, 43, 48, 104, 106, 129, 132-134, 145, 154-156, 158

ち

地磁気 5, 17, 32, 96, 105
地図 10, 17, 22, 105
着床遅延 146, 149-152, 157, 158
中継地 22, 103, 104, 108, 109, 116-118, 126, 128, 131, 133, 134
中心灰白質 20
中枢神経系 12, 32, 110
中脳 13, 17, 20
鳥脚類 89
潮汐リズム 4, 79, 81
チロキシン 4, 65, 110, 114

つ

ツキノワグマ 143, 144, 147, 150, 151, 154, 155
ツバメ 1, 10, 132
ツル 1, 106

て

定位 3-5, 10, 17, 19, 21, 105, 106, 109
低浸透調節 42, 43
定量リアルタイムPCR法 45
データロガー 3, 66-69, 81
適応 1, 10, 34, 42, 43, 48, 57, 60-62, 82, 85, 103, 113, 145, 159
適応度 52, 84
テストステロン 53, 54, 56, 111, 119-121, 123, 124, 152, 158
転写 11, 78
天体コンパス 5, 17

と

同化 102, 104, 109, 116, 119
動機づけ 4, 6, 9, 12, 14, 15, 17-19, 21, 23, 74
統合系 12, 21
糖代謝 7, 26
同調因子 4, 78, 79, 113
冬眠 15, 16, 89, 90, 92-94, 143-147, 149, 150, 152-159
通し回遊 41-43, 61, 62
トカゲ 86, 91, 93, 98
時計遺伝子 31, 78
トノサマバッタ 25-27, 37
トラフグ 73, 74, 82
トリグリセリド 25-27
トリヨードチロニン 4, 65, 110, 114
トレハロース 25-27

な・に

夏型ホルモン 35-37
におい物質 96
肉鰭類 85, 86
ニジマス 18-20
日周リズム 3-5, 78, 116, 126
日長 21, 30, 35, 52, 106, 110, 113, 115, 119-121, 151
入水衝動 7, 48, 88
ニューロペプチドY 111
ニューロンネットワーク 11, 14, 21
ニワムシクイ 113, 116, 117, 126, 127, 132
認知地図 94, 96

ね・の

年周リズム 3, 4
脳幹 14, 20, 21
脳波 15, 16, 67

は

バイオロギング 66, 81
胚盤胞 146, 150
ハクチョウ 10, 22, 106
バソトシン 15, 18, 19, 65, 110, 130
パターンジェネレーター 20, 21
ハマシギ 102
繁殖池 15, 90, 91, 97
繁殖成功度 148
繁殖戦略 35, 90
繁殖地 25, 89, 91, 94, 101, 103, 105, 113, 115, 121, 122
繁殖地―越冬地間経路 103
繁殖なわばり 52

ひ

ヒキガエル 10, 15-19, 21, 89-91, 97
ヒグマ 143, 144, 147-150, 155, 158
飛行シミュレーター 30, 31
肥満 111, 113-116, 118-121, 124, 127, 130, 132, 154, 155, 157
ヒメハマシギ 127, 132, 133
標識 2, 3, 5, 28, 63, 74, 90
ヒレアシトウネン 133, 134

ふ

副甲状腺ホルモン 88
副腎皮質 49, 110, 115, 132-135

索 引

副腎皮質刺激ホルモン 65, 110
副腎皮質刺激ホルモン放出ホルモン 65, 111
副腎皮質ホルモン 6
プロオピオメラノコルチン 118
プロゲステロン 150-152, 158
プロセシング 11, 130
プロラクチン 4, 6, 7, 17, 43, 45, 48, 49, 58, 65, 88, 101, 110, 111, 148, 151
分散 25, 29, 41, 122-124, 146, 147

へ

ベネフィット 84
ヘビ 86, 91-93
辺縁系 14
変態 7, 9, 85, 87, 88

ほ

歩行誘発野 20
保全 84, 85, 98, 135
母川回帰 66, 67, 69
ホッキョクグマ 144, 156-159
本能行動 9-14, 21, 23
翻訳 11, 48, 78

ま

マーキング調査 28
膜受容体 7, 114, 131

マサソーガ 92

み・む

ミヤマシトド 107, 111, 113-121, 126, 127, 130, 132, 135
ムカシトカゲ目 85, 86, 91
ムシクイ 106, 113, 115
無足類 85, 89
無尾類 85, 89-91

め・も

明暗周期 78
メソトシン 130
メラトニン 4-6, 80, 81, 110, 111, 116, 117
免疫機能 54, 127
モデル動物 5, 8, 18, 20, 23, 63, 82

や・ゆ

ヤマメ 64
遊泳中枢 20
有限状態マシン 107, 108, 112, 122
有尾類 85, 89
有羊膜類 85, 86
遊離脂肪酸 27, 109
有鱗目 85, 86, 91
ユキヒメドリ 115, 130-132

よ

幼若ホルモン 33
羊膜 85, 87

夜の苛立ち 116, 118, 119, 129, 131

り

利益 51
リパーゼ 26, 27, 132
リポフォリン 26, 27
竜脚類 89
リュウキュウアユ 52, 57, 58
竜弓類 85, 86
留鳥 107, 108
両側回遊 41, 42, 49, 51, 56, 61

れ・ろ

レプチン 6, 7, 119, 128, 155
濾胞刺激ホルモン 65, 66

わ

渡り鳥 2, 3, 5, 84, 98, 105-108, 118, 125, 127, 128, 130, 133
渡りの経路 10, 103, 105, 124, 128, 135
渡りの準備 108-110, 112, 114, 115, 119
渡りの衝動 10, 48, 49, 108, 109, 113, 117, 119-121, 123-126, 128
渡りの戦略 103, 125, 127
ワニ（目）85, 86, 91, 93, 99

執筆者一覧 (アルファベット順)

安東　宏徳（あんどう　ひろのり）　新潟大学理学部附属臨海実験所　教授（1, 5章）
安房田　智司（あわた　さとし）　新潟大学理学部附属臨海実験所　助教（4章）
井口　恵一朗（いぐち　けいいちろう）　長崎大学大学院水産・環境科学総合研究科　教授（4章）
朴　民根（ぼく　みんくん）　東京大学大学院理学系研究科　准教授（6章）
Marilyn Ramenofsky　University of California, Davis　Department of Neurobiology Physiology and Behavior　特任教授（7章）
坪田　敏男（つぼた　としお）　北海道大学大学院獣医学研究科　教授（8章）
浦野　明央（うらの　あきひさ）　北海道大学　名誉教授（1, 2, 7章）
John C. Wingfield　University of California, Davis　Department of Neurobiology Physiology and Behavior　特別教授（7章）
矢田　崇（やだ　たかし）　水産研究・教育機構中央水産研究所　資源増殖グループ長（4章）
山岸　弦記（やまぎし　げんき）　東京大学大学院理学系研究科　大学院生（6章）
山中　明（やまなか　あきら）　山口大学大学院創成科学研究科　教授（3章）

謝　辞

本巻を刊行するにあたり，以下の方々，もしくは団体にたいへんお世話になった．謹んでお礼を申し上げる（敬称略）．

写真・図版提供

米沢俊彦（4章），山田佑紀（5章），Springer 社（7章），Andrew Derocher，前田菜穂子（8章）

査　読

飯田　碧（5章）

編者略歴

安
あん
東
どう
宏
ひろ
徳
のり
　1963 年 東京都に生まれる．1990 年 早稲田大学 大学院 理工学研究科 博士後期課程修了．理学博士．現在，新潟大学 理学部附属 臨海実験所教授．専門は生殖神経内分泌学．

浦
うら
野
の
明
あき
央
ひさ
　1944 年 東京都に生まれる．1972 年 東京大学 大学院理学系研究科 博士課程修了．理学博士．現在，北海道大学 名誉教授．専門は神経内分泌学，比較内分泌学．

ホルモンから見た生命現象と進化シリーズ VI
回遊・渡り ― 巡 ―

2016 年 11 月 15 日　第 1 版 1 刷発行

定価はカバーに表示してあります．

編　者	安　東　宏　徳
	浦　野　明　央
発 行 者	吉　野　和　浩
発 行 所	東京都千代田区四番町 8-1
	電　話　03-3262-9166（代）
	郵便番号 102-0081
	株式会社　裳　華　房
印 刷 所	株式会社　真　興　社
製 本 所	牧製本印刷株式会社

社団法人
自然科学書協会会員

JCOPY〈(社)出版者著作権管理機構 委託出版物〉
本書の無断複写は著作権法上での例外を除き禁じられています．複写される場合は，そのつど事前に，(社)出版者著作権管理機構（電話 03-3513-6969，FAX 03-3513-6979，e-mail: info@jcopy.or.jp）の許諾を得てください．

ISBN 978-4-7853-5119-9

ⓒ 安東宏徳，浦野明央，2016　Printed in Japan

☆ ホルモンから見た生命現象と進化シリーズ ☆

<日本比較内分泌学会 編集委員会>
高橋明義(委員長),小林牧人(副委員長),天野勝文,安東宏徳,海谷啓之,水澤寛太

内分泌が関わる面白い生命現象を,進化の視点を交えて,第一線で活躍している研究者が初学者向けに解説します(全7巻).　　各A5判／150〜280頁

I	比較内分泌学入門 −序−	和田　勝 著	近刊
II	発生・変態・リズム −時−	天野勝文・田川正朋 共編	本体2500円+税
III	成長・成熟・性決定 −継−	伊藤道彦・高橋明義 共編	本体2400円+税
IV	求愛・性行動と脳の性分化 −愛−	小林牧人・小澤一史・棟方有宗 共編	本体2100円+税
V	ホメオスタシスと適応 −恒−	海谷啓之・内山　実 共編	本体2600円+税
VI	回遊・渡り −巡−	安東宏徳・浦野明央 共編	本体2300円+税
VII	生体防御・社会性 −守−	水澤寛太・矢田　崇 共編	本体2900円+税

☆ 新・生命科学シリーズ ☆

幅広い生命科学を,従来の枠組みにとらわれず,新しい視点で切り取り,基礎から解説します.

動物の系統分類と進化	藤田敏彦 著	本体2500円+税
動物の発生と分化	浅島　誠・駒崎伸二 共著	本体2300円+税
ゼブラフィッシュの発生遺伝学	弥益　恭 著	本体2600円+税
動物の形態 −進化と発生−	八杉貞雄 著	本体2200円+税
動物の性	守　隆夫 著	本体2100円+税
動物行動の分子生物学	久保健雄 他共著	本体2400円+税
動物の生態 −脊椎動物の進化生態を中心に−	松本忠夫 著	本体2400円+税
植物の系統と進化	伊藤元己 著	本体2400円+税
植物の成長	西谷和彦 著	本体2500円+税
植物の生態 −生理機能を中心に−	寺島一郎 著	本体2800円+税
脳 −分子・遺伝子・生理−	石浦章一・笹川　昇・二井勇人 共著	本体2000円+税
遺伝子操作の基本原理	赤坂甲治・大山義彦 共著	本体2600円+税
エピジェネティクス	大山　隆・東中川徹 共著	本体2700円+税

裳華房ホームページ　http://www.shokabo.co.jp/　2016年11月現在